U0260092

绿豆优质
丰产栽培技术

胡云宇　许彦蓉　著

吉林科学技术出版社

图书在版编目(CIP)数据

绿豆优质丰产栽培技术 / 胡云宇，许彦蓉著. --长春：吉林科学技术出版社，2020.10
ISBN 978-7-5578-7785-9

Ⅰ.①绿… Ⅱ.①胡… ②许… Ⅲ.①绿豆—栽培技术 Ⅳ.①S522

中国版本图书馆 CIP 数据核字(2020)第 199790 号

LVDOU YOUZHI FENGCHAN ZAIPEI JISHU

绿豆优质丰产栽培技术

著　胡云宇　许彦蓉

出 版 人　李　梁
责任编辑　李思言
封面设计　崔　蕾
制　　版　北京亚吉飞数码科技有限公司
开　　本　710mm×1000mm　1/16
字　　数　104 千字
印　　张　6.25
印　　数　1—5 000 册
版　　次　2021 年 3 月第 1 版
印　　次　2021 年 3 月第 1 次印刷

出　　版　吉林科学技术出版社
发　　行　吉林科学技术出版社
地　　址　长春市人民大街 4646 号
邮　　编　130021
发行部传真/电话　0431—85635176　85651759　85635177
　　　　　　　　　　　85651628　85652585
储运部电话　0431—86059116
编辑部电话　0431—85635186
网　　址　www.jlsycbs.net
印　　刷　三河市铭浩彩色印装有限公司

书　　号　ISBN 978-7-5578-7785-9
定　　价　75.00 元

序　言

　　绿豆是我国人民的传统豆类食物,在我国已有 2000 多年的栽培史。绿豆含有蛋白质、多种维生素和钙、磷、铁等多种矿质元素。它不但具有良好的食用价值,还具有非常好的药用功能,医食同源,用途较多,李时珍称其为"菜中佳品",有"济世之食谷"之说。在炎炎夏日,绿豆汤是老百姓最喜欢的消暑饮料。绿豆性味甘凉,有清热解毒之功,清暑益气、止渴利尿。绿豆的药理作用为降血脂、降胆固醇、抗过敏、抗菌、抗肿瘤、增强食欲、保肝护肾,对高血压、动脉硬化、糖尿病、肾炎有较好的治疗辅助作用。

　　绿豆根系生长大量根瘤,内含根瘤菌,具有很好的固氮功能,是轮作、补种、养地作物。绿豆秸秆蛋白质含量较多,是牲畜的优质蛋白饲料。由于绿豆生育期较短,过去一直作为填闲作物来栽培,但近年来由于人们对绿豆功用的了解和保健意识的增强,绿豆需求量明显增长,绿豆种植逐渐形成规模,单产水平和供应总量都得到了提高,我国的出口量也日益增多,农民的栽培效益得到提高。我国科研部门和广大科技人员在生产实践中,培育出了榆绿 1 号等不少优质绿豆品种,研究推广了《双沟覆膜绿豆栽培》等许多高产高效栽培技术。近年来,仅榆林市种植榆绿 1 号面积就在 2.67 万 hm^2(40 万亩)以上,其中横山区保持在 1.67 万 hm^2(25 万亩)左右,总产 1.5 万 t,出口 1.2 万 t,创汇近千万美元。涌现出了不少以绿豆为主的绿豆生长专业村和种植专业户,已成为我区农民增收致富的"金豆豆"。

作　者

2020 年 7 月

目 录

第一章 概　况

绿豆(*Vigna radiata* L.)又名菜豆、菉豆、植豆、文豆,英文名 mung bean,green gram,属豆科(Leguminosae)菜豆族(Phaseoleae) 豇豆属(Vigna)植物中的一个栽培种。

绿豆原产于亚洲东南部,中国也是绿豆原产地之一。德·孔多尔 1986 在《栽培作物起源》一书中认为,绿豆起源于印度及尼罗河流域。瓦维洛夫 1935 年在《育种的理论基础》中认为,绿豆起源于"印度起源中心"及"中亚中心"。德国学者布特耐德 1898 年认为,绿豆起源于广州。我国绿豆资源丰富、类型繁多,最近几年,我国汪发瓒等人在云南、广西、河北、河南、山东、湖北、辽宁、北京等地也采集到不同类型的野生绿豆标本。

绿豆是喜温作物,在温带、亚热带、热带高海拔地区被广泛种植,其中印度、中国、泰国、菲律宾等国家栽培最多,缅甸、印度尼西亚、巴基斯坦、斯里兰卡、孟加拉国、尼泊尔等国家栽培也较多。世界上绿豆栽培面积最大的国家是印度,其次是中国,而出口量最大的国家是泰国,目前种质资源保存最多、育种工作最有成效的单位是亚洲蔬菜研究与发展中心。

绿豆用途广泛,经济价值高,被誉为绿色珍珠。绿豆在我国已有 2000 多年的栽培历史,早在《吕氏春秋》和《齐民要术》等古代农书上就有关于绿豆栽培技术的记载。绿豆在我国各地都有种植,除国内消费外,还销往日本、韩国、菲律宾、中国台湾和英国等 60 多个国家和地区。1982 年我国绿豆出口量 806t,到 1997 年达到 28.9 万 t,1996—2001 年 6 年间,累计出口 78.42 万 t,占出口杂豆总量的 17.2%～43.7%,在我国出口的绿豆主要来自东北、华北和华中等地区,其中以河北张家口鹦哥绿、陕西榆林大明绿豆和吉林白城绿豆最为有名,在国际市场上一直供不应求。在陕西榆林,过去很不起眼的"小豆子",如今做出了"大文章",年出口创汇达千万美元,已成为当地的一项主导产业;在吉林洮南、白城子,绿豆是农民致富的"金豆豆"。

据世界食品专家预言:随着人类健康意识的不断增强和保健手段的日趋自然,像绿豆这类药食同源的保健食品,将更加受到人们的青睐。现代医学也认为绿豆及其芽菜中含有丰富的维生素 B_{17} 等抗癌物质,经常食用绿豆芽能有效防止直肠癌和其他一些癌症,同时还含有一些具有特殊医疗保健作用的生理活性物质,对人类和动物的生理代谢活动具有重要的促进作用。

绿豆适应性广,抗逆性强,耐旱、耐瘠、耐荫蔽,生育期短,播种适期长,并有固氮养地能力,是禾谷类作物、棉花、薯类、幼龄果树等间作套种的适宜作物和优选前茬,在农业种植结构调整和优质、高产、高效农业发展中具有其他作物不可替代的重要作用。我国加入世界贸易组织后,水稻、小麦、玉米、棉花、大豆等大宗作物的生产已受到较大影响,而我国绿豆则以其独特优势进一步占领国内外市场,在未来农业生产和农产品出口方面具有广阔的发展前景。

第二章 绿豆的分布、生产区划

第一节 绿豆的分布与生产

绿豆属喜温作物,在温带、亚热带、热带地区被广泛种植,其中以亚洲的印度、中国、泰国、菲律宾等国家栽培最多,缅甸、印度尼西亚、巴基斯坦、斯里兰卡、孟加拉国、尼泊尔等国家栽培也较多。近年来在美国、巴西、澳大利亚及其他一些非洲、欧洲、美洲国家,绿豆种植面积也在不断扩大。

绿豆在我国各地都有种植,产区主要集中在黄淮流域及华北平原,以河南、山东、山西、河北、安徽、四川、陕西、湖北、辽宁、内蒙等省区种植较多。在 20 世纪 50 年代初期,我国绿豆栽培面积曾达到 166.7 万 hm² (2500 万亩),总产量和出口量也居世界首位。20 世纪 50 年代末开始减少,以后只有零星种植。1979 年以后,随着人们膳食观念的改变和耕作技术的发展,种植面积逐年恢复。据不安全统计,1986 年全国绿豆种植面积 54.7 万 hm² (820 万亩)以上,1997 年超过 94 万 hm² (1414.98 万亩),总产量近 100 万 t。近年来,随着农业种植结构调整步伐的加快,绿豆生产又得到进一步发展,在其他粮食作物种植面积大幅减少的情况下,绿豆年种植面积仍稳定在 80 万 hm² (1200 万亩)左右,全国平均单产也由 1986 年的 915kg/hm² 发展 2000 年的 1155kg/hm²。

2000 年绿豆种植面积达到 77.2 万 hm² (1158 万亩),总产 89.1 万 t,平均单产 1154kg/hm² (76.9kg/亩)。其中内蒙古 15.9 万 hm² (238.5 万亩)、吉林 9.1 万 hm² (136.5 万亩)、山东

8.9 万 hm²（133.4 万亩）、山西 7.2 万 hm²（108 万亩）、陕西 6.2 万 hm²（93 万亩）、黑龙江 4.3 万 hm²（64.5 万亩）、安徽 4 万 hm²（60 万亩）。在 2000 年,单产较高的有吉林 1620kg/hm²（108kg/亩）、安徽 1510kg/hm²（100.7kg/亩）、河南 1420kg/hm²（94.7kg/亩）,内蒙单产最低,425kg/hm²（28.3kg/亩）,其他省份单产在 565～914kg/hm²（37.7～60.9kg/亩）。

2002 年我国绿豆总播种面积达 27.23 万 hm²（408.50 万亩）,主产区播种面积达 22.84 万 hm²（342.42 万亩）,占全国比重的 83.82%,其中主产区包括:黑龙江 11.69 万 hm²（175.35 万亩）,占全国比重的 42.93%;陕西 0.70 万 hm²（10.50 万亩）,占全国比重的 2.57%;内蒙古 2.95 万 hm²（44.25 万亩）,占全国比重的 10.83%;安徽 1.12 万 hm²（16.80 万亩）,占全国比重的 4.11%;山西 1.18 万 hm²（17.58 万亩）,占全国比重的 4.32%;吉林 1.76 万 hm²（26.40 万亩）,占全国比重的 6.46%;云南 0.54 万 hm²（8.10 万亩）,占全国比重的 1.98%;江苏 1.23 万 hm²（18.41 万亩）,占全国比重的 4.51%;河北 1.67 万 hm²（24.96 万亩）,占全国比重的 6.11%。

2016 年我国绿豆总播种面积达 22.84 万 hm²（342.59 万亩）,主产区播种面积 19.40 万 hm²（291.08 万亩）,占全国比重的 84.96%,其中主产区包括:黑龙江 8.25 万 hm²（123.80 万亩）,占全国比重的 36.14%;陕西 2.786 万 hm²（41.79 万亩）,占全国比重的 12.20%;内蒙古 2.33 万 hm²（35.00 万亩）,占全国比重的 10.21%;安徽 1.31 万 hm²（19.65 万亩）,占全国比重的 5.74%;山西 1.17 万 hm²（17.58 万亩）,占全国比重的 5.13%;吉林 1.100 万 hm²（16.50 万亩）,占全国比重的 4.82%;云南 0.92 万 hm²（13.80 万亩）,占全国比重的 4.03%;江苏 0.821 万 hm²（12.32 万亩）,占全国比重的 3.59%;河北 0.710 万 hm²（10.65 万亩）,占全国比重的 3.11%。

目前,我国绿豆种植面积仅次于印度,但总产和出口量居世界首位。绿豆在我省分布也很广,北起长城沿线,南到秦巴山区都有种植。中国绿豆主要种植区域图见图 2-1。20 世纪 60 年代种植面积曾达到 15.3 万 hm²(230 万亩),以后面积有所下降,20 世纪 90 年代初面积大约 3.3 万 hm²(50 万亩),近几年由于出口增加,种植面积又有所恢复,仅榆林市 2003 年种植面积就达 3 万 hm²(45 万亩),全省 10 万 hm²(150 万亩)。由于受到自然条件的制约,单产很不稳定,一般亩产 25～35kg,高的每亩可达 110kg,采取地膜栽培的每亩单产可达 200kg 以上。延安、榆林绿豆产区,虽然产量低但品质好,是主要出口生产基地。位于秦巴山区东部的浅山丘陵区的安康、商洛和咸阳、渭南两市的北部也有一定的种植面积,虽品质较差但产量较高,以内销为主。

绿豆主产区

图 2-1 中国绿豆主要种植区域图

第二节　绿豆区划

　　根据自然条件和耕作制度,我国绿豆大致可分为四个栽培生态区:北方春绿豆区、北方夏绿豆区、南方夏绿豆区和南方夏秋绿豆区(见图 2-2)。

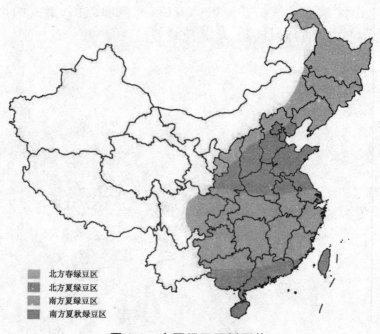

图 2-2　中国绿豆区划图片

　　(1)北方春绿豆区。本区包括黑龙江、吉林、辽宁、内蒙古东南部、河北张家口与承德、山西大同与朔州、陕西榆林与延安和甘肃庆阳等地。本区春季干旱,日照率较高,无霜期较短,雨量集中在 7、8 月份。通常在 4 月下旬到 5 月上旬播种,8 月下旬至 9 月上、中旬收获。

　　(2)北方夏绿豆区。本区包括我国冬小麦主产区及淮河以北地区。此区年降雨量 600~800mm,雨量多集中在 7、8、9 三个月,日照充足,无霜期 180d 以上,年平均温度在 12℃左右。绿豆通常在 6 月上、中旬麦收后播种,9 月上、中旬收获。

(3)南方夏绿豆区。本区包括长江中下游广大地区。本区气温较高,无霜期长,雨量较多,日照率较低。绿豆多在 5 月末至 6 月初油菜、麦类等作物收获后播种,8 月中、下旬收获。

(4)南方夏秋绿豆区。本区包括北纬 24°以南的岭南亚热带地区及台湾、海南两省。本区高温多雨,年平均温度在 20～25℃,年降雨量 1500～2000mm,无霜期在 300d 以上。绿豆在春、夏、秋三季均可播种,为一年三熟制绿豆产区。

第三章　绿豆品种资源与品种

第一节　绿豆品种资源

中国是绿豆起源地之一,是绿豆品种遗传多样性中心,种质资源十分丰富。自 1978 年起,开展了全国性绿豆资源的搜集、保存、鉴定和利用研究工作,截至 1998 年,已搜集到绿豆品种资源近 5000 份,其中 4719 份已经完成农艺性状鉴定并编入《中国食用豆类品种资源目录》,4445 份已存入国家种质资源库,蛋白质和淀粉分析各 2524 份,抗旱鉴定 2394 份,耐盐鉴定 2432 份,抗叶斑病鉴定 2132 份,抗根腐病鉴定 2064 份,抗蚜虫鉴定 2123 份。在已编入目录的全国绿豆资源中,以河南省最多,为 916 份,占 19.4%;其次是山东省 672 份,占 14.2%;山西省 409 份,占 8.7%;河北省 396 份,占 8.4%;湖北省 303 份,占 6.4%;安徽省 301 份,占 6.4%;陕西省 140 份,占 3.0%。经过综合分析,绿豆品种数量较多的省份依次是河南、山东、山西、河北、湖北、安徽等省。种皮有光泽的明绿豆和种皮无光泽的毛绿豆各占一半。种皮颜色为绿色的品种占 91.5%,另外还有种皮颜色为黄色 250 份占 5.3%、褐色 118 份占 2.5%、青蓝色 31 份占 0.7%. 生育期分布在 50~151d,平均 85d,早熟品种主要分布在河南省;百粒重分布在 1.0~9.6g,平均 4.85g,大粒型品种以山东、山西、内蒙古和安徽等省区较多;单株结荚分布在 0.8~163 个,平均 25.2 个,河北、安徽、吉林等省的绿豆资源单株结荚较多;蛋白质含量分布在 17.3%~29.06%,平均 24.5%,高蛋白型品种主要分布在湖北、山东、北京和河北省;总淀粉含量分布在 42.95%~60.15%,高淀粉型品种分布在河南、山东和内蒙古;山西、山东、内蒙古、吉林和湖北等省区的绿豆抗旱性较好;山东省的品种耐盐性能较好;亚洲蔬菜研究与发展中心的绿豆品种比国内绿豆资源抗叶斑病能力强;抗根腐病性能较好的品种主要在山东、安徽和河北省;内蒙古和山西省的绿豆品种抗蚜虫能力较好,全国绿豆品种抗绿豆象能力普遍较差。到 2002 年完成农艺性状鉴定并编入目录的绿豆品种资源已达 5217 份。

第二节　绿豆品种选育

绿豆在中国属于小宗作物,过去对它的研究很少,绿豆品种改良工作起步也较晚。20 世纪 80 年代以前,以利用地方品种为主,自 20 世纪 80 年代初,随着全国进行的绿豆品种资源的搜集、整理、评价、鉴定和利用的研究,绿豆种质创新和育种工作才得到了一定发展,尤其在 20 世纪 80 年代以后,绿豆育种工作取得了较大进展,已经选育出一批优良品种并在生产中发挥了重要作用。目前绿豆品种选育方法主要有引种、地方品种利用、系统选育、杂交育种和辐射育种等方法,其中杂交育种是应用普遍的育种方法,但绿豆是自花授粉作物,花粉管细长,花瓣弯曲,人工去雄授粉难度较大,杂交成功率低,通常只有 10% 左右。

一、选育目标的确定

确定选育目标是育种工作成败的关键。应根据生态环境和生产发展要求,以及市场的需要,提出明确且有针对性的育种目标。就当前我国生产发展和市场的需要而言,应致力于选育适合麦茬夏播和间作套种的品种,并以早熟、高产、优质的品种为主要育种目标。

二、品种选育的主要方法

(一)引种鉴定

将外地或国外的优良品种引入本地试种鉴定,对其中表现符合育种目标的优良品种进行繁殖,直接利用,这是最简便有效的育种方法。引进的品种或材料还能够为杂交育种提供优良亲本。

引种时要根据当地生产或育种需要确定引种目标,对准备引进的品种应了解其对温度、光照和栽培条件的要求是否与本地相适应。弄清品种特性之后,必须进行检疫隔离试种,确认无危险病虫草害后才能进一步进行试种和利用。绿豆品种虽然适应性较强,但仍属短日照作物,一般南种北引生育期延长,延期开花结实,有的甚至不能开花结实;而北种南引生育期缩短,提前开花结实,有的严重影响产量。因此两地纬度跨度大的情况下,引种直接利用时应慎重。

(二)地方品种的评价利用

一些优良的地方品种,经过长期的自然选择,具有适应当地栽培、气候、生态及逆境等特点,稳产性好。因此,搜集当地种质资源,进行评价鉴定,筛选出有利用价值的优良地方品种用于生产,仍然是目前对提高绿豆产量很有意义的工作。例如河北省高阳小绿豆、张家口鹦哥绿、河南省大毛里光、黄荚18粒、山东省安丘柳条青、栖霞大明绿豆等都在生产上发挥了一定作用。

(三)系统选育

绿豆种质资源丰富,在田间有一定的自然杂交率和突变率,而且一个农家品种就是一个混合群体,这为系统育种提供了可能性。

系统选育方法如下：

第一年，根据育种目标在绿豆圃内选取优良单株；

第二年，将上年所选优良单株分别种植，经田间观察和室内考种再次选优；

第三年，将上年所选优良植株在优种圃内种植，进行测产比较，对入选的优种圃材料分别混收并编号；

第四、第五年，对入选的优种材料进行产量比较再选优，有条件的可同时进行种子繁殖和生产示范。

通过对国内 200 多个地方品种资源的鉴定研究结果表明，绿豆品种农艺性状之间存在一定的相关性，也可作为系统选育、利用时参考的依据。

①株型高（多为蔓生型品种）或主茎节数多，或荚数多的品种，一般较晚熟。

②单株荚数和单荚粒数是决定单株产量的主要因素。虽然单株荚数受栽培、气候、土壤等条件的影响较大，但在相同条件下，选择结荚性强的材料对选优利用可能取得良好的效果。

③宜从荚形大（长荚、宽荚）的品种中获得大粒型品种。但一般大粒型品种单株荚数偏少，可以考虑通过栽培措施增加群体数量（即适当增大种植密度），获得大粒型品种的高产量。为此，同时应考虑选择株型直立、紧凑、搞倒伏的优良单株。

④由于生育期与单株荚数、百粒重无相关性，因此有可能从多荚型或大粒型材料中获得早熟品种。

(四)杂交育种

通过杂交育种，重组后代基因，创造新变异而选育新品种，这是目前国内外应用最普遍、成效最大的方法。杂交育种包括亲本的选择、选花去雄、授粉和杂交后处理等环节。一般品种间杂交成功率只有 15%～20%，这是绿豆杂交育种主要的限制因素之一。如果技术熟练，成功率可达 50%。

母本宜选用当地栽培时间长、表现好的品种;父本应选择地理位置相距远、生态类型差别较大,有突出优良性状,又适应当地自然条件的外来品种。在当天下午 4 时后或次日早晨 5 时前去雄时宜选择具有本品种固有特征的、健壮植株上的花蕾,先清除准备去雄花蕾旁边其他花蕾,然后挑去 10 枚雄蕊的花药,保持小花内的温度、水分不发生变化,第二天上午 6~10 时选择即将开放的新鲜花朵,分开花瓣后蘸取花粉,将花粉授到前一天或当天早上去雄的母本花的柱头上。授粉后,用父本小花的龙骨瓣套于母本柱头上,以保持水分。授粉完毕,挂牌注明组合名称、授粉日期。授粉后第二天下午可对授过粉的小花进行检查,未脱落者说明杂交基本成功,随即去掉同一节瘤轴上的其他小花(花蕾),减少花荚脱落,以提高杂交成功率。杂交成功后可用系谱法或混合法种植杂交后代,先进行选育,待优良的杂交后代遗传性趋于稳定后,再对优良品系进行鉴定。

(五)人工诱变

使用物理方法(钴 60、r 射线照射)、化学方法(秋水仙碱、赤霉素及化学诱发剂处理种子或幼苗)或者物理化学方法对选好的绿豆种子进行诱变处理,使其细胞遗传物质发生变化,后代在个体发育中表现出各种遗传性变异,从变异中选出优良植株,创造新品种。人工诱变要根据育种目标的要求和人工诱变的特点,认真选择综合性状好、缺点少的品种作为人工诱变的材料,有目的地改变 1 个或几个不良性状,使之更加完善。人工诱变的变异材料第一代 M_1 出现各种畸形变异现象一般不遗传,故第一代不淘汰,全部留种;第二代 M_2 选择优良变异类型的重要世代;第三代 M_3 要大量淘汰;第四代 M_4 对遗传性已基本稳定、表现优良、性状趋于一致的品(株)系,可单独收获脱粒,供下一年作产量比较,并进一步试验测定其生产能力、品质、适应性、抗逆性等,以创造新的品种。

三、品种的保纯

为了保持和提高良种种性，增加产量，必须加强原种的生产，进行提纯复壮。良种的提纯复壮过程是选择与培育的过程，它不仅是品种保纯的重要措施，有利于解决良种混杂退化问题，延长良种在生产上的使用年限，而且在提纯复壮过程中还可能发现新类型，创造新品种。

绿豆原种生产、提纯复壮方法如下：

(1)混合选择法(株选)。此法适用于混杂退化轻的良种。在种子纯度高、生长整齐一致的丰产田内选择优良单株，经室内考种，继续淘汰劣株，将当选的优良单株混合脱粒，作为第二年种子田或生产田用种。

(2)株行选择法。此法适用于混杂退化严重的品种。将选好的优良单株播几行或播 1 个小区，隔几个小区，以原品种设对照，进行田间观察和室内考种，反复比较评选，当选小区一般只占播种材料的 25%～50%。当选的小区种子要进一步进行评选，除去病粒、虫粒和秕粒，分别包装，妥善保存，作为下年用种。

(3)三圃提纯复壮法。分株行种植、株系鉴定和原种繁殖三圃进行。一般经过三年就能生产出高纯度原种，是提纯复壮效果最好的方法。

①株行圃：本圃的目的是决定株行，供次年株系鉴定。

②株系圃：按株系播种，按小区收获，重点鉴定丰产性。当选株系作为下年原种圃用种。

③原种圃：主要任务是提高种性、扩大繁殖，为种子田或生产田提供原种种子。

第三节　推广品种

一、中绿1号

中绿1号(VC1973A)是中国农业科学院作物品种资源研究所从国外引进的优良品种。该品种适应性强,稳产性好,在中等以上肥力条件下具有较大的增产潜力。一般每公顷产量1500~2250kg(亩产量100~150kg),高者可达4500kg(亩产量300kg)以上。春播、夏播均可。夏播70d即可成熟,且抗早衰能力强,如果条件适宜,生育期可延长到120d以上,能形成2~3次开花、结荚高峰,可以进行多次收获。较抗叶斑病、白粉病和根结线虫病,并且耐旱、耐涝。植株直立抗倒伏,株型紧凑,株高60cm左右,幼茎绿色。主茎分枝1~4个,单株结荚10~36个,多者可达50~100个。种子成熟时不炸荚,便于机械化收获。成熟后豆荚黑色,荚长10cm左右,每荚10~15粒种子。种子绿色有光泽,百粒重7g左右,单株产量10~30g。种子含蛋白质21%~24%、脂肪0.78%、淀粉50%~54%,以及多种维生素和钙、铁、磷、硒等矿质元素,具有较高的商品价值和较好的加工品质。做绿豆汤好煮易烂,口感好;生豆芽,芽粗根短、甜脆可口。目前该品种已通过河南、河北、山西、山东、陕西、安徽、四川、湖南、北京、天津等省市和全国农作物品种审定委员会审(认)定,成为我国绿豆生产的主要栽培品种。

二、中绿2号

中绿2号是中国农业科学院作物品种资源研究所从亚蔬绿豆VC2719A中系选而成的优良品种。早熟,夏播生育期65d左右。高产稳产,一般每公顷产量1800~2250kg(亩产量120~150kg),

高者可达 4050kg(亩产量 270kg)以上。植株直立抗倒伏,结荚集中,成熟一致不炸荚,生态环境机械化收获。种子绿色有光泽,百粒重 6g。种子含蛋白质 24%、淀粉 54%,以及多种维生素和钙、铁、磷、硒等矿质元素。商品价值高,做绿豆汤好煮易烂,口感好;生豆芽,芽粗根短、甜脆可口。抗叶斑病和花叶病毒病,其耐旱、耐涝、耐瘠、耐阴性均优于中绿 1 号。适应性广,在我国绿豆产区都能种植,春播、夏播均可,不仅适于麦后复播,更适于与玉米、棉花、甘薯、谷子等作物间作套种,深受农民欢迎。1999 年通过农业部科技成果鉴定,并在全国各绿豆产区大面积推广。

三、鄂绿 2 号

鄂绿 2 号是湖北省农业科学院从亚蔬绿豆 VC2778A 中系选而成的优良品种。较早熟,夏播生育期 75d 左右。植株直立抗倒伏,结荚集中,成熟一致不炸荚,适于机械化收获。种子碧绿有光泽,百粒重 7g。种子含蛋白质 21% 以上、淀粉 50%。商品价值高,做绿豆汤好煮易烂,口感好。抗叶斑病、白粉病、病毒病及孢囊线虫病。适宜在高水肥条件下种植,夏播每公顷产量 1950kg(亩产量 130kg),高者可达 4050kg(亩产量 270kg)以上。1990 年通过湖北省作物审定委员会审定,并在湖北、河南、山西等省大面积推广应用。

四、苏绿 1 号

苏绿 1 号(VC2768A)是中国农业科学院作物品种资源研究所从国外引进的优良品种。中早熟,夏播 75~80d 成熟。植株直立抗倒伏,株高 55cm 左右,幼茎绿色。主茎分枝 3~6 个,结荚集中,种子成熟一致,成熟后豆荚黑色,不炸荚,便于机械化收获。该品种适应性强,稳产性好,在中等以上肥力条件下具有较大的增产潜力。抗叶斑病,耐病毒病,丰产性好,有一定的增产潜力,适于在中等肥水条件下种植,夏播一般每公顷产量1500~2250kg(亩产量100~150kg),高者可达3000kg(亩产量200kg)以上。荚长10cm左右,每荚10~15粒种子。种子绿色有光泽,粒大色艳,百粒重6.5~7.0g,含蛋白质20%左右,脂肪0.8%,淀粉50.6%。适合做粉丝、粉皮及出口商品。目前该品种在河南、江苏、安徽、广东、北京等省市种植表现良好,并被江苏省定名为苏绿1号,广东省定名为粤引1号,山西省定名为晋绿1号。

五、豫绿2号

豫绿2号是河南省农业科学院利用地方品种博爱砦和与亚蔬绿豆 VC1562A 杂交育成的绿豆新品种。早熟,夏播生育期65d左右。高产稳产,一般每公顷产量1800kg(亩产量120kg),高者可达3513kg(亩产量234.2kg)。植株直立较松散,株高65~70cm,单株结荚20个左右,百粒重6.2g,种子绿色有光泽,品质优良。商品性好,抗叶斑病、抗旱、耐涝,适应性广,在我国绿豆产区均可种植。1994年通过河南省农作物品种审定委员会审定,是我国第一个通过有性杂交技术育成的绿豆品种。

豫绿2号:豫绿2号整株图片和(或)结荚图片

六、冀绿2号

冀绿2号是河北省保定市农业科学研究所利用当地农家品

种高阳绿豆与亚蔬绿豆 VC2719A 杂交育成的绿豆新品种。早熟,夏播生育期 65～70d。抗逆性强,高产稳产,一般每公顷产量 1500～2200kg(亩产量 100～147kg)。植株直立紧凑,株高 52.3～57.3cm,单株结荚 24.6～32.5 个,百粒重 4.6～6.2g,种子绿色有光泽。较抗叶斑病和食叶害虫,抗旱、耐涝、耐盐、耐瘠。1996 年通过河北省农作物品种审定委员会审定。

冀绿 2 号:冀绿 2 号整株图片和(或)结荚图片

七、南绿 1 号

南绿 1 号是四川省南充市农业科学研究所从亚蔬绿豆 VC1381A 中系选而成的优良品种。早熟,夏播生育期 65d,比中绿 1 号早熟 5d。该品种对环境条件反应较敏感,丰产性好,有一定增产潜力,适于在中等肥水条件下种植,夏播一般每公顷产量 1500～2250kg(亩产量 100～150kg),高者可达 3000kg(亩产量 200kg)。植株直立抗倒伏,株型紧凑,株高 58～88cm。结荚集中,成熟一致,可一次性收获。单株结荚 30 个左右,种子绿色有光泽,粒大色艳,百粒重 6.5～7.5g。种子含蛋白质 22%～26%、脂肪 0.7%、淀粉 48%。商品价值高,做绿豆汤好煮易烂,口味好。抗叶斑病,耐病毒病,轻感白粉病。在北京、河北、河南、湖北、四川等地种植表现良好。在四川省春、夏、秋三季均可种植。1997 年通过四川省农作物品种审定委员会审定。

八、大鹦哥绿 522

大鹦哥绿 522 是吉林省白城市农业科学院选育的早熟、高产、抗病、优质的绿豆新品种。早熟,春播生育期 100d 左右。属于半直立型、无限结荚习性;幼茎有花蕾均为紫色;株高 50～90cm;分枝 2～4 个;单株荚数 15～30 个;荚长 11～13cm;单株粒数 100～200 粒;百粒重 606g 左右,单株产量 7～12g,蛋白质含量 26.5g 左右。种子短圆柱型、色泽鲜艳、有光泽;豆荚成熟后呈黑褐色。

九、秦豆 6 号

秦豆 6 号是陕西省农垦科研中心选育的早熟绿豆新品种。该品种适应性广,从 4 月到 6 月下旬均可播种,可一年两熟,尤以麦收后复播最佳,全生育期 60～75d,抗倒伏,耐瘠耐旱,抗逆性强,抗病性强。株高 50cm,株型直立,种子绿色有光泽,百粒重 5.6g。种子含蛋白质 22.79%、赖氨酸 1.89%、谷氨酸 2.0%、丝氨酸 1.27%、淀粉 37.72%,在陕西、山西、河南等 15 个省(区)推广种植,表现良好,一般亩产 130kg,高产田块可达 200kg 以上。适宜在黄土高原、西北干旱半干旱地区种植。

十、高阳小绿豆

高阳小绿豆是河北高阳区农家品种。早熟,夏播,生育期 70～75d,植株直立或半蔓生,不抗倒伏,幼茎绿色,株高 50～80cm,主茎分枝 3～5 个。成熟时豆荚黑色,种子绿色有光泽,百粒重 3.5～4g,含蛋白质 24%～26%、脂肪 1.4%、淀粉 50.3%。适合生产豆芽。该品种耐病性强,适应性广,丰产稳产性好,夏播产量一般每公顷 1500～2250kg(每亩 100～150kg)。在东北、华北和河南、山东、江苏等地种植表现良好。

陕北黄土丘陵沟壑种植绿豆

十一、明绿245

明绿245是中国农业科学院作物品种资源研究所从内蒙古农家品种中株选的优良绿豆品系。早熟,夏播约65d成熟。植株直立,不抗倒伏,幼茎紫色,株高50cm左右,主茎分权3～5个。成熟一致,种子绿色有光泽,百粒重5.5g左右。种子含蛋白质22％～25％、脂肪0.67％、淀粉49％,适合生产豆芽。适应性强,稳产性好,夏播产量一般每公顷1125～1500kg。耐盐、耐瘠、耐旱、耐病毒,较抗孢囊线虫病。在北京、天津、江苏、山东、河南、湖南等地种植表现良好,已通过天津市农作物品种审定委员会审定。

十二、房山绿豆634

房山绿豆634是北京房山区农家品种。特中熟,夏播约60d成熟。植株直立,不抗倒伏,幼茎紫色,株高30～50cm左右,主茎分枝 2~5 个。成熟豆荚黑色,种子绿色有光泽,中小粒型,百粒重 5.0g 左右。种子含蛋白质 23.6%、脂肪 0.8%、淀粉 52.7%,适合做粉丝、粉皮或生产豆芽。适应性强,丰产稳产性好,夏播产量一般每公顷 1500kg 左右。耐瘠薄、耐干旱、耐病毒病,较抗孢囊线虫病。在东北、华北及山东、河南、山西等地种植表现良好。

十三、小粒明 317

小粒明 317 是中国农业科学院作物品种资源研究所从河北省农家品种中株选的优良绿豆品系。中熟,夏播约 70d 成熟。植株直立或半直立,不抗倒伏,幼茎紫色,株高 60cm 左右,主茎分枝 3~5 个。成熟豆荚黑色,种子绿色有光泽,百粒重 4.5g 左右。种子含蛋白质 23.5%、淀粉 46.5%。适应性强,稳产性好,夏播产量一般每公顷 1500kg 左右。抗寒性好,较抗病毒病和叶斑病。枝中茂盛不早衰,适宜做绿肥和牲畜饲料。在北京、天津、辽宁、河南、安徽等地种植表现良好,在河北省坝上高寒区也能正常生长。

十四、冀绿 9239

由河北省农林科学院粮油作物研究所以冀引 3 号为母本,VC2808A 为父本杂交选育而成。经 1999~2003 年品系鉴定、全国区域试验及生产鉴定,于 2004 年 3 月 16 日通过国家小宗粮豆新品种技术鉴定委员会的鉴定(国品鉴杂 2004001)。

冀绿 9239 根系发达,主根较深,叶片较大,浓绿色,阔卵圆形,茎秆较硬,花黄色,荚为黑色,成熟时不炸荚。夏播株型直立、抗倒,株高 65cm 左右,生育期 70d 左右,为早熟种。春播区适宜区域生育期 90d 左右,株高 55cm 左右。主茎节数 8.7 个,单株分枝 3.0 个,荚长 9.4cm,单荚粒数 11.2 粒,单株结荚 23.9 个,百粒重 5.8g,为中粒种。增产性、稳产性较好,全国区域试验平均产量 1552kg/hm²（每亩 103.5kg），较对照冀绿 2 号增产 7.8%，居所有参试品系第一位，生产鉴定平均产量 1479kg/hm²（每亩 98.6kg），较对照平均增产 20.3%，最高产量可达 2074kg/hm²（每亩 138.3kg）。籽粒绿色，有光泽，饱满。经测试籽粒粗蛋白含量为 23.95%，粗淀粉含量为 49.79%。田间自然鉴定抗病毒病、叶斑病和白粉病等。该品种适宜在河北、河南、黑龙江、吉林、辽宁、内蒙、陕西、山西、新疆等地种植。

十五、冀绿 9309

由河北省农林科学院粮油作物研究所以唐山绿豆 108 与亚蔬绿豆 D0049～1 的后代 8313～11～4～3 为母本，辽宁的鹦哥绿豆为父本杂交选育而成。株型直立，株高 50～65cm。叶片较大，浓绿色阔圆形，株型较大，花黄色，荚为黑色，成熟时不炸荚，籽粒绿色，有光泽，饱满。主茎节数 9.4 个，单株分枝 2.7 个，单株结荚 26.8 个，荚长 8.7cm，单荚粒数 10.5 粒，百粒重 5.24g。籽粒粗蛋白含量为 25.46%，粗淀粉含量为 49.26%。生育期 70～90d。田间自然鉴定抗病毒病、叶斑病和白粉病等。2000—2002 年参加第二轮全国区试，平均产量 1492kg/hm²（每亩 99.5kg），比对照增产 3.6%，居第 2 位。2003 年生产试验平均产量 1108kg/hm²（每亩 73.9kg），比对照增产 14.6%。在河北承德，陕西大荔、山西太谷、内蒙古翁牛特、山西大同等试点表现增产。建议在河北承德，吉林白城，内蒙翁牛特，陕西榆林，山西的大同、长治、太谷等地种植（国品鉴杂 2004002）。

十六、保 942～34

由河北省保定市农业科学研究所用冀绿 2 号与邓家台绿豆杂交选育而成。株型直立、紧凑，株高 48cm 左右。叶色浓绿，花黄色，荚黑色，籽粒商品性较好，籽粒绿色，短圆柱型，有光泽。单株分枝 2.9 个，单株结荚 31.4 个，百粒重 6.3g。籽粒粗蛋白含量为 23.67%,粗淀粉含量为 50.13%。夏播生育期 60~62d,春播生育期 70~73d。2000—2002 年参加第二轮全国区试,平均产量 1457.8kg/hm²(每亩 97.2kg),比对照增产 1.3%,居第 3 位。2003 年生产试验平均产量 1800kg/hm²(每亩 120kg),比对照增产 6.9%。在黑龙江哈尔滨、吉林白城、河北保定、北京、新疆石河子等试点表现增产。建议在北京、河北保定、石家庄,河南南阳、安阳,山东东营、垦利,陕西榆林,内蒙古翁牛特,辽宁沈阳,吉林白城等地种植(国品鉴杂 2004003)。

十七、中绿 4 号

由中国农业科学院作物品种资源研究所用亚蔬绿豆 VC1973A 为母本,V2709 为父本,通过有性杂交选育而成。株型紧凑、植株直立,株高约 60cm。幼茎绿色,成熟荚黑色,籽粒绿色有光泽,粒型长圆柱形,商品性好。主茎分枝 2~3 个,单株结荚 20 个左右,多者可达 40 个以上。结荚集中,成熟不炸荚,适于机械化收获。荚长 10cm,荚粒数 10~12 粒,百粒重 6.5g 左右。籽粒含粗蛋白 25.5%、淀粉 52.0% 左右。抗豆象、抗逆性强,耐瘠、耐寒、耐旱。1998—2000 年参加第一轮区试,平均产量 1308.6kg/hm²(每亩 87.2kg),比对照增产 3.9%,居区试第 4 位。2003 年生产试验平均产量 2136.0kg/hm²(每亩 142.4kg),比对照增产 15.5%。在河北承德、甘肃平凉、陕西榆林等试点表现增产。建议在北京,河北承德、保定、石家庄,山西太原、临汾,黑龙江哈尔滨、大庆,浙江杭州,山东烟台、潍坊,河南安阳、南阳,广西南宁,陕西榆林等地种植(国品鉴杂 2004004)。

十八、中绿 5 号

由中国农业科学院作物品种资源研究所用亚蔬绿豆 VC1973A 为母本,VC2768A 为父本,通过有性杂交选育而成。株型紧凑、植株直立,株高约 60cm。幼茎绿色,成熟荚黑色,籽粒绿色有光泽,粒型长圆柱形,商品性好。主茎分枝 3 个左右,单株结荚 25 个,多者可达 40 个以上。结荚集中,成熟不炸荚,适于机械化收获。荚长约 10cm,荚粒数 10～13 粒,百粒重 6.5g 左右。籽粒含粗蛋白质 25.0％、淀粉 51.0％左右。抗叶斑病、白粉病,耐旱、耐寒性较好。2000—2002 年参加第二轮区试,平均产量 1546.5kg/hm² (每亩 103.1kg),比对照增产 4.5％。2003 年生产试验平均产量 1566kg/hm² (每亩 104.4kg),比对照增产 12.9％。在黑龙江哈尔滨、吉林白城、辽宁沈阳、陕西榆林、山西大同、新疆石河子等试点表现增产。建议在北京,河北石家庄,山西大同、太原,内蒙古赤峰,辽宁沈阳,吉林白城,黑龙江哈尔滨,江苏泰州,河南南阳,云南丽江,陕西榆林,新疆石河子等地种植(国品鉴杂 2004005)。

十九、嫩绿 1 号

由黑龙江省农科院嫩江农科所以 8302 为母本,82101 为父本采用品种间杂交方法育成,分别在黑龙江青冈、内蒙古赤峰、甘肃平凉、山西大同、吉林白城、辽宁彰武、陕西靖边试点。以白绿 522 为第一对照,以当地主栽绿豆品种为第二对照。嫩绿 1 号平均产量为 1767kg/hm² (每亩 117.8kg),较统一对照白绿 522(CK1)平均增产 10.4％,较当地品种(CK2)平均增产 5.9％。嫩绿 1 号属明绿豆类型,种皮光亮鲜绿,粒大,百粒重 6.33～6.68g。苗、株均绿色,株高 54～79cm,成熟后荚黑褐色,荚长 10～12cm,主茎分枝 5 个左右,主茎节数 10 个左右,平均单株荚数 30 个,平均荚粒数 12 个,生育日数 88～94d。经山西省农科院中心实验室分析,嫩绿 1 号籽粒含水分 10.9％、粗脂肪 1.53％、粗蛋白 22.67％、粗淀粉 52.26％、可溶性糖 3.19％。适宜我国东北及西北地区种植,优质产区为东北地区(包括黑龙江、吉林、辽宁、内蒙)(国品鉴杂 2006018)。

二十、潍绿 5 号

潍绿 5 号是潍坊市农业科学院 1989 年利用 VC1973A 作

母本,鲁绿 1 号作父本杂交,于 1999 年育成的早熟丰产优质绿豆新品系潍 9801～32。株型紧凑,直立生长,有限结荚;夏播株高 40～50cm,主茎分枝 2～3 个,主茎节数 8～9 节,单株荚数 20～30 个,荚长 9cm 左右,荚粒数 10～11 粒,百粒重 6g 左右;幼茎紫色,花浅黄色;卵圆叶,成熟荚黑色,籽粒绿色无光泽,圆柱形;结荚集中,成熟一致,不炸荚,适合一次性收获。该品种特早熟,夏播生育期 54～60d;秸秆硬,抗倒伏、抗病性较好。籽粒蛋白质含量 26.27％～28.5％,粗淀粉含量 48.37％～50.61％。2000—2001 年潍绿 5 号参加山东省绿豆新品种区域试验,7 个试点全都增产,两年平均单产 2720.0kg/hm²(每亩 181.3kg),比对照中绿 1 号增产 41.3％。一般产量 2250～3000kg/hm²(每亩 150～200kg),高产栽培条件下产量更高。该品种在山东、陕西、北京、河北、河南等省市均可种植,特别适宜山东省和陕西杨凌、岐山、大荔等地种植(国品鉴杂 2006020)。

二十一、榆绿 1 号

榆绿 1 号包括横山黑荚大明绿豆和横山黄荚大明绿豆两个品系,是横山区科技人员从当地农家品种中经多年系统选育而成的优良绿豆品系。

榆绿 1 号

榆绿 1 号展示

榆绿 1 号品种展示

榆绿 1 号：榆绿 1 号整株图片和(或)结荚图片

(一)横山黑荚大明绿豆

春播生育期 105～115d,株型直立,株高 45～65cm,叶片阔卵圆形,叶色浓绿,花黄绿色,无限结荚习性,豆荚成熟时黑色,主茎分枝 7～9 个,单株结荚 22～24 个,荚长 10～12cm,单荚粒数10～12 粒,百粒重 6.5～8.0g。该品种适应性强,抗病、抗倒伏、耐旱、耐瘠薄,高产稳产,山旱地水平沟栽培每公顷产量 450～750kg (每亩 30～50kg),垄沟栽培每公顷产量 1125～1500kg(每亩 75～ 100kg),地膜覆盖栽培每公顷产量 1500～2250kg(每亩 100～ 150kg),高者可达 3150kg(每亩 210kg)。籽粒含蛋白质 22.0%～ 23.2%、脂肪 0.7%、淀粉 53.8%,籽粒圆柱形,深绿色有光泽,商品性好。熬汤好煮易烂,生豆芽色白、质嫩、口感甜。

(二)横山黄荚大明绿豆

春播生育期 115～125d,株型直立,株高 50～70cm,叶片阔卵圆形,叶片绿色,豆荚成熟时呈灰白色或浅黄色,主茎分枝 5～8 个,单株结荚 20～23 个,荚长 9～11cm,单荚粒数 8～10 粒,百粒重 7.0～8.5g。该品种适应性强,抗病、抗倒伏、耐旱、耐瘠薄,高产稳产,山旱地水平沟栽培每公顷产量 750～1050kg(每亩 50～70kg),普通栽培每公顷产量 450～600kg(每亩 30～40kg),垄沟栽培每公顷产量 1050～1125kg(每亩 70～75kg),地膜覆盖栽培每公顷产量 1500～2250kg(每亩 100～150kg),高者可达 3000kg(每亩 200kg)。籽粒含蛋白质 25.3%、脂肪 0.7%、淀粉 53.6%,籽粒圆柱形,萤绿色有光泽,商品性好。熬汤好煮易烂,生豆芽色白、质嫩、品感甜脆。

二十二、横山普通小绿豆

横山普通小绿豆是当地农家早熟品种。春播生育期 80～95d,夏播 60～70d,株型直立,株高 45～70cm,叶片阔卵圆形,叶片绿色,豆荚成熟时黑色,主茎分枝 2～5 个,单株结荚 18～25 个,荚长 6～9cm,单荚粒数 5～9 粒,百粒重 5.1～5.4g。该品种生育期短,主要用作回茬品种或灾后补种品种,较抗倒伏、耐旱、耐瘠薄,普通栽培每公顷产量 300～600kg(每亩 20～40kg),籽粒含蛋白质 22.3%、脂肪 0.6%、淀粉 55.8%,籽粒短圆柱形、黄绿色。主要用于熬汤和淀粉加工。

第四章　绿豆的综合利用

第一节　绿豆的营养成分

　　绿豆籽粒中含蛋白质 24.5% 左右,是禾谷类的 2~3 倍,其中人体所必需的 8 种氨基酸的含量在 0.24%~2.0% 之间,是禾谷类的 2~5 倍,其中每 100g 绿豆籽粒含赖氨酸 1716mg、蛋氨酸 284mg、苏氨酸 822mg、亮氨酸 1895mg、异亮氨酸 1030mg、缬氨酸 1255mg、苯丙氨酸 1490mg、色氨酸 260mg。淀粉 52.21%,脂肪 1% 以下,纤维素 5%,绿豆籽粒所含的脂肪主要是软脂酸、豆油酸和亚麻酸。另外,绿豆籽粒还含有丰富核黄素、硫铵酸等 B 族维生素和钙、铁、磷、锰等矿物质及烟酸、胡萝卜素,其中维生素 B_2 是禾谷类的 2~4 倍,且高于猪肉、牛奶、鸡肉和鱼;钙的含量是禾谷类的 4 倍、鸡肉的 7 倍;磷是禾谷类及猪肉、鸡肉、鱼、鸡蛋的 2 倍;铁是鸡肉的 4 倍。这些物质对促进人体及动物的生长发育和维持生命体的各种机能都有十分重要的作用。因此人们常把绿豆称为"绿色珍珠"或"穷人的肉食品"。除以原粮直接加工食用外,还有相当数量被用作生产绿豆芽。

　　绿豆种子中蛋白质储量比较高,但由于种子中存在一种胰蛋白酶抑制素,使人类不能充分利用豆类蛋白,所以豆类营养价值的利用受到一定的影响,经过豆芽培育后,原有的营养物质消耗不多,而这种胰蛋白酶抑制素则被大量破坏,使人体对蛋白质的消化吸收率提高到 65%。同时豆芽通过培育后维生素 C 的含量得到极大提高,其中在子叶中含量最高、幼芽次之。还有,种子发芽时由于酶的作用,原来种子中的一些不能被完全利用的无机盐,如磷、锌等无机盐得到了充分利用。此外,原来存在于种子中的一些妨碍人体吸收营养的凝血素,以及不能被人体吸收的棉子糖、鼠李糖、毛类花糖等三种寡糖也在发芽过程中消失了。各种营养物质以萌发后第二天含量最高。每100g干物质中含有蛋白质27~35g,人体所必需的氨基酸0.3~2.1g;钾981.7~1228.1mg,磷450mg,铁5.5~6.4mg,锌5.9mg,锰1.28mg,硒0.04mg;维生素C18~23mg,是梨、苹果、香蕉、甘蔗的4~5倍。

绿豆秸秆中蛋白质含量一般在16.0%左右,粗脂肪约1.9%,均高于玉米秸秆,是牲畜的优质饲料。绿豆摘荚后,每公顷秸秆约15000kg(每亩1000kg),含有氮素(N)70.5kg(每亩4.7kg,相当于10kg尿素、27.6kg碳酸氢铵)、磷(P_2O_5)31.5kg(每亩2.1kg,相当于12%普通过磷酸钙17.5kg)、钾(K_2O)130.5kg(每亩8.7kg,相当于60%的氯化钾14.5kg),是培肥土壤的理想作物。

第二节 绿豆的综合利用

一、绿豆的保健功能

在绿豆种子和水煎液中含有生物碱、香豆素、植物甾醇等生理活性物质,对人类和动物的生理代谢活动具有重要的促进作用。绿豆皮中含有0.05%左右的单宁物质,能凝固微生物原生质,故有抗菌、保护创面和局部止血作用。另外单宁具有收剑性能,能与重金属结合生成沉淀,进而起到解毒作用。

中医学认为绿豆种子、种皮、花、叶、芽等均可入药。其种子性味甘寒,内服具有清热解毒、消暑利水、抗炎消肿、保肝明目、止泄痢、润皮肤、降低血压和血液中胆固醇、防止动脉粥样硬化等功效,外用可治疗创伤、烧伤等症。绿豆芽性味甘平,能健脾,利三焦,润燥消水,排脓解毒,消肿止痛,消热利湿解署、解酒毒。

绿豆作为清热解毒药物,在《本草纲目》《随息居饮食谱》等古今医学书籍中和许多杂志上都有记载,被广泛应用于肝炎、胃炎、尿毒症及酒精、药物和重金属中毒病人的临床治疗中,对农药中毒、腮腺炎、烧伤、麻疹合并肠炎等症疗效尤为明显。在民间历来就有用绿豆治病的习惯,如用绿豆汤防止中暑,用开水冲服绿豆粉解煤气中毒恶心呕吐;用绿豆加红糖煎汤服是妇女催乳妙方;用绿豆马齿苋汤治痢疾、肠炎;把绿豆皮炒黄加冰片研磨治烫伤;用猪苦胆汁绿豆粉治高血压;绿豆皮能清风热、去目翳、化斑疹,用晒干的绿豆皮做枕头具有降压、解热、明目、治哮喘之功效;绿豆荚可治赤痢经年不愈;绿豆叶能治霍乱。

二、绿豆芽的药用价值

我国栽培制作绿豆芽已有近千年的历史。《本草纲目》说它"解酒毒热毒,利三焦",清代名医王孟英的《随息居饮食谱》说它"生研绞汗服,解一切草木金石诸药、牛马肉毒、或急火煎汤冷饮亦可"。但是,如果真用于抢救中毒,绿豆芽力量尚欠单薄,但是作为去痰火湿热的家常蔬菜,倒有很好的保健作用。凡体质属痰火湿热者,平日面泛油光,胸闷口苦,头昏、便秘、足肿汗黄,血压偏高或血脂偏高,而且多嗜烟酒肥腻者,如果常吃绿豆芽,能清肠胃,解热毒,利湿热,洁齿牙。但烹调时油盐不宜太多,要尽量保持其清淡的性味和爽口的特点。绿豆芽不仅可口,而且也有药用价值。

据说第二次世界大战中美国海军因无意中吃了受潮发芽的绿豆,竟治愈了困扰全军多日的坏血病,这是因为豆芽中含有丰富的维生素 C。此外,绿豆芽富含纤维素,是便秘患者的健康蔬菜。而且它含核黄素,还可以用来治疗口腔溃疡。

现代医学研究认为绿豆和绿豆芽中,含有丰富的维生素 B_{17}

等较强的抗癌物质及一些具有特殊医疗保健作用的营养物质,能有效防止直肠癌和其他一些癌症,并能减轻抗癌药物的副作用。常食绿豆芽可预防高血压、冠心病和动脉硬化等疾病。

三、风味食品

绿豆营养丰富,医食同源,是人类理想的保健食品。长期以来,人们一直把它作为防暑、健身佳品,在环保、航空、航海、高温及有毒作业领域被普遍应用。除了直接食用外,各地以绿豆为原料制作的各种风味食品深受群众喜爱。

(一)绿豆粥

先将绿豆、大米洗净,一同放入锅中,加上适量冷水,煮至豆烂、米开、汤稠为佳。如煮绿豆小米粥则应在水开锅后下米。此粥不仅营养丰富,氨基酸搭配合理,而且具有清热解毒、消暑止渴、降血酯等功效,可防治动脉硬化、冠心病、中暑及食物中毒。

(二)绿豆汤

将绿豆洗净,放入锅中,加入适量冷水煮汤,代茶饮,可消暑止渴、利水消肿、消热解毒,能防治中暑、水痘、腮腺炎及痢疾等。

(三)绿豆糕

准备绿豆粉 13kg,白糖粉 13kg,炒糯米粉 2kg,面粉 1kg,菜油 6kg,猪油 2kg,食用黄色素适量。制作方法:①顶粉:绿豆粉 3kg,面粉 1kg,白糖粉 3.2kg,猪油 2kg,食用黄色素适量加适量凉开水和成湿粉状。②底粉:绿豆粉 10kg,炒糯米粉 2kg,白糖粉 9.8kg,菜油 6kg,加适量凉开水和成湿粉状。③把筛好的面粉撒在印模里,再把顶粉和底粉按基本比例分别倒入印模里,用劲压紧刮平,倒入蒸屉,蒸熟即可。各地由于饮食习惯不同,也制作不同风味的绿豆糕,如京式绿豆糕和苏式绿豆糕。

（四）绿豆粉皮

用 25kg 绿豆在 50℃ 的温水条件下浸泡 5d,冬季可用 90℃～100℃ 的热水浸泡,使其膨胀。浸泡时可用小木勺或竹片等器具搅拌,使杂物漂浮水面,用勺除去。将浸泡好的绿豆用清水冲洗 2 遍,冲去泥沙等杂质。将冲洗好的绿豆添入石磨,进行磨浆。在磨浆过程中可边添绿豆边加少量水,以磨 1～2 遍成浆糊状为宜。将磨出的绿豆浆糊放入细箩中过滤 2 次,将箩上的粉渣除去,箩下的粉汁放入水盆中浸泡 1～2d,使淀粉沉淀,除掉水分,这样 25kg 绿豆可出湿粉块 12.5kg。旋制时将湿粉块用凉水调成稠稀均匀的糊状,再依次用小木勺(约半碗)倒入旋锅中,把旋锅再放在滚开的水锅中旋转约 30s,加入少许热水,把旋锅埋入冷水中,将凝固成形的粉皮从旋锅中剥下取出。把刚旋出的湿粉皮贴在竹帘上晾晒,晾干即可。将干粉皮存放在通风干燥处,能保持 4 个月以上不变质。一般 25kg 绿豆可旋 200 张粉皮,每张干粉皮的质量约 40g。采用纯绿豆淀粉加工制成的绿豆粉皮,呈蛋青色,晶莹透明,有弹性而不黏连,经常食用可以降低血压、清火解署、健胃生津,具有很好的保健作用。

（五）绿豆凉粉

将绿豆用清水洗净,在大缸中浸泡一昼夜使其吸足水分。用石磨将浸好的绿豆磨碎,磨时按 100kg 绿豆加入 400kg 清水,磨成稀浆。把磨好的豆浆装入大缸,加入清水,充分拌匀,静置,使淀粉明显沉降。几小时后,将上层清水层除去,将中间的毛粉层取出装入第二个缸中,加入清水,充分搅拌,使淀粉沉淀。静置沉降后再按上法将毛粉盛入第三缸中,加清水搅拌,沉降。直至毛粉层中无淀粉沉降为止。撤除上面清水,取出沉淀的淀粉,用细筛或纱布过滤除去矿渣。过滤时加入清水反复冲滤。滤出液再装入缸中沉淀。撤去上面的清水,取出沉淀的湿淀粉装入布袋中沥出水分,即为绿豆淀粉坨。取 10kg 绿豆淀粉,捣成碎面,无疙瘩、颗粒,然后加入温水 20kg,明矾 40g,搅拌均匀至黏稠状,加入沸开水 45kg,迅速冲搅,使之均匀熟透。冲熟后迅速倒入一定规格的箱套中,拉平表面,与做豆腐相似,静置,使其冷却成型。冲糊成型后,翻扣在清洁的板框中,按规格用刀切成块即为成品。

(六)绿豆饮料

选用优质绿豆,除去霉粒及杂物,洗净后放入装有干豆量 5～6 倍沸水的提取罐中。在 2 个大气压条件下蒸煮至豆粒膨胀而不破皮时,将豆汁取出,经绒布过滤。在豆汁中加入适量的 a-淀粉酶和中性淀粉酶,处理 2h 后过滤,静止沉清。绿豆原汁制发后可根据不同需要配制成不同口味的绿豆饲料。

(七)绿豆酸奶

先用籽粒饱满、无虫粒、无霉变、无杂物的绿豆,进行脱皮处理。将脱皮后的绿豆洗净,在室温下浸泡 4～5h。将有色素的浸泡液倒掉,加入相当于干豆重量 5～6 倍的水,将 PH 值调整 8～9,进行细磨,过 60 目筛。用自分式磨浆机磨浆,过 200 目筛将豆渣和豆浆分开。将分离后的绿豆浆通入高温蒸气,温度达到 120℃后,喷入真空脱臭罐中进行真空脱臭。绿豆浆脱臭后,加入 40%～50% 的鲜牛奶,充分混合液在 90℃ 条件下灭菌 30min,冷却至 37～40℃后,加入 3% 的发酵剂,在 42℃ 温度条件下培养 2～3h 终止发酵。再放入 4～5℃ 的冷库内放置 24h,即可食用。

(八)绿豆酸化全乳

将挑选好的绿豆洗净,加干豆重量 12 倍的水和 0.5% 的明矾,用旺火烧开后改用小火,煮至豆皮刚刚开裂。按 250ml 绿豆汤加 1.5g 柠檬酸的比例,将溶液的 PH 值调整到 3.5。再按 75ml 鲜牛奶加 50g 蔗糖、15g 葡萄糖、2g 果胶、0.2g 食盐、200ml 水的比例配置奶液。在 50℃ 条件下将二者混合,搅拌 25min。在

70℃温度、20～30MPa 压力下均质后,用 80℃温度杀菌,骤冷至
15℃时装罐。

四、加工产品

绿豆用途广泛,加工产品也比较多。除了目前市场上常见的
各种风味食品外,比较有名的还有黑龙江多力绿豆汤、山东秦老
太绿豆爽、山西的绿源绿豆汁、碧亨通绿豆爽、绿豆枣茶,最为普
遍的莫过于家喻户晓的绿豆芽了。

(一)绿豆粉和粉丝

以山东龙口粉丝、天津津统粉丝比较有名。基本制作工艺包
括浸豆、磨浆、滤浆、漏丝、防粘和晒干等工序。

(二)绿豆沙

市场上的品牌有辽宁沈阳隆迪绿豆沙、北京京日绿豆沙、绿
豆馅。

(三)绿豆饮料

黑龙江多力绿豆汤、山东秦老太绿豆爽、山西的绿源绿豆汁、
碧亨通绿豆爽等。

(四)绿豆酒

有四川泸州的绿豆大典、安徽明绿液、山西及江苏的绿豆烧、
河南的绿豆大曲等。

(五)绿豆芽

以绿豆芽为原料制作的各种菜肴。
其他绿豆制品还有绿豆奶和绿豆乳。

第三节　产品出口

绿豆是我国传统的出口商品,近年来随着我国绿豆生产的发展,绿豆种植面积不断恢复,绿豆的出口量逐年增加。出口比例从1982年占全国杂豆总量的1.1%,发展到1995年的17.2%,最高年份达到43.7%。据有关资料显示,1996—2001年,出口绿豆在7.64~28.9万 t 之间,年均出口13.07万 t,价格在388~766美元/t 之间。2002年出口绿豆22.1万 t,在全国粮食出口量中居第五位,居食用豆类出口量的第二位。其中榆林绿豆、吉林白城鹦哥绿、张家口鹦哥绿豆、南阳绿豆、内蒙绿豆等,是当前国际市场上的畅销商品。中国绿豆销往全世界60多个国家和地区,其中量大的是日本、中国香港、菲律宾、韩国、越南、中国台湾、英国等国家和地区。我国生产的绿豆粉丝,特别是龙口粉丝,誉满全球,畅销世界50多个国家和地区,绿豆粉皮、绿豆酒、绿豆糕点等食品也驰名中外,在国际市场倍受青睐。我国出口的绿豆主要以地名为商标,根据外商的要求组织货源,没有严格的质量标准。从外观上分为明绿豆、毛绿豆和统绿豆3种,以粒大、色艳,适合生豆芽的明绿豆最为畅销。按照出口绿豆的质量大致可分为三级。

一级:粒型均匀,色泽一致,杂质和异色粒≤1%,纯质率不低于97%;

二级:粒型均匀,色泽比较一致,杂质和异色粒≤2%,纯质率不低于95%;

三级:外观正常,其他条件达不到上述标准,但能达到合同要求。

2000年农业部制定的我国商品绿豆质量指标为:水分≤13.5%,不完善总量≤5%,杂质总量≤1%。其中蛋白质≥25%、淀粉≥54%,为一级;蛋白质≥23%、淀粉≥52%,为二级;蛋白质≥21%、淀粉≥50%,为三级。

第五章　绿豆的形态特征和生长习性

第一节　生育期和生育时期

绿豆为菜豆属一年生草本植物。从播种到成熟 60～120d,根据种子大小、种皮颜色、生育期长短的不同,可分为早熟种、中熟种和晚熟种三种类型。

早熟种:生育期 80d 以下,种子小,植株较矮,叶片较小,种皮黑绿色(包括褐色、黑色和青蓝色)。

中熟种:生育 80～100d,种子中到大,株高 70cm 左右,叶片较大,种皮绿色(包括黄绿、褐绿和纯绿)。

晚熟种:生育期 100d 以上,种子大,株高 70cm 以上,叶片大,种子金黄色。

绿豆的一生,根据植株形态的变化和各器官的出现,可分为以下 8 个生育期。

播种期:实际播种的日期;

出苗期:出苗达 70% 以上的日期;

现爪期:第 1 复叶展开植株达 60% 以上的日期;

分枝期:叶腋出现分枝的植株达 60% 以上的日期;

现蕾期:出现绿色花苞植株(心叶呈上耸状)达 60% 的日期;

开花期:开花植株达 70% 的日期;

结荚期:结荚植株达 60% 的日期;

成熟期:成熟豆荚达 70% 以上的日期。

绿豆分枝期

绿豆花期

单株绿豆开花期

绿豆半成熟期

绿豆成熟期

绿豆生育期

第二节　绿豆的形态特征和生长习性

一、根和根系的生长

绿豆的根系由主根、侧根、根毛和根瘤等部分组成。主根由胚根发育而来,粗壮但不发达,垂直向下生长,入土较浅,粗壮部分在地下 8～10cm 处。主根上长有侧根,侧根上长出的侧根称为二级侧根,侧根细长而发达,入土深度超过主根,并向四周水平延伸,二级侧根较短。侧根的梢部长有根毛。

绿豆的根系有两种类型:一种为中生植物类型,主根不发达,有许多侧根,属浅根系,多为蔓生品种;另一种为旱生植物类型,主根扎得较深,侧根向斜下方伸展,多为直立或半蔓生品种。绿豆的根系20％～80％集中在20～30cm的表土层内。

绿豆根上长有许多根瘤,根瘤中充满着根瘤菌。绿豆出苗7d后开始有根瘤形成,初生根瘤为绿色或淡褐色,以后逐渐变为淡红色直至深褐色,和绿豆植株是共生关系。主根上部的根瘤体形较大,固氮能力最强。苗期根瘤固氮能力很弱,随着植株的生长发育,根瘤菌的固氮能力逐步增强,到开花盛期达到高峰。根瘤合成的蛋白质约有75％供给植株生长发育,约有25％用于根瘤本身生长。据计算,在根瘤发育良好的情况下,仅靠根瘤菌固定的氮素就能使绿豆产量达到亩产80kg的水平。绿豆根系的吸收能力很强,能利用土壤中难以溶解的矿物质元素,并能从砂粒中吸收养分。

二、茎和茎的生长

绿豆的籽粒萌发后,其幼芽伸长形成茎。绿豆的茎秆比较坚韧,外表近似方形,有时有的接近圆形。幼茎有紫色和绿色两种,是苗期鉴别品种进行提纯的重要标志。成熟的茎多呈灰黄、深褐和暗褐色。茎上有绒毛,绒毛有棕色、灰白色等几种,但也有无绒毛品种。绿豆按主茎和分枝的生长习性可分为直立型、丛生型、半蔓生型和蔓生型四种。

(1)直立型。茎秆粗壮直立,少分枝,而且分枝短于主茎,节间长短和植株高度适宜,抗倒伏性特强。

(2)丛生型。茎秆粗壮,节间短,植株矮,分枝多而发达,与主茎夹角较小,呈丛生直立状生长。

(3)半蔓生型。基部直立,上部或中部突然变细略呈攀缘状,可缠绕其他物体。

(4)蔓生型。茎细,节间长,主茎短,分枝多而弯曲,主茎和分枝进入花期后其顶端具有卷须,一般匍匐地面或缠绕其他物体。

植株高度因品种不同相差很大,一般 40～100cm,高者可达 150cm,矮者只有 20～30cm。绿豆主茎上有节,一般主茎上有 10～15 个节,每节着生 1 复叶,在其叶腋部位长出分枝或花梗。主茎 1 级分枝 3～5 个,分枝上还可以长出 2 级分枝或花梗。节与节之间叫节间,在同一植株上,上部节间长,下部节间短。一般在茎基部第 1～5 节上着生分枝,第 6～7 节上着生花梗,在花梗的节瘤上着生花和豆荚。

三、叶和叶的生长

绿豆叶有子叶和真叶两种。子叶两枚,较肥大,白色,呈椭圆形或倒卵圆形,富含蛋白质和淀粉等营养物质,供籽粒发芽、出苗和幼苗生长需要。出土 7d 左右,初生真叶平展,子叶开始枯干脱落。真叶也有两种,从子叶上面第一节长出的两片对生的披针形真叶是单叶,又叫初生真叶,没有叶柄,是胚芽内的原胚叶;随着幼茎的生长,在两片单叶上面又长出三出复叶。三出复叶互生,由叶片、托叶和叶柄三部分组成,绿豆叶片的形状、大小、颜色因品种不同面异,一般长 5～10cm,宽 2.5～7.5cm,绿色深浅不一;形状有卵圆形或阔卵圆形;分大、中、小三种类型;全缘,也有三裂或缺刻型,正反两面都有绒毛。托叶 1 对,呈狭长三角形或盾状,长 1cm 左右。叶柄较长,是输送营养物质进入叶片和将叶片制造的养分送出的通道,表面被有绒毛,基部膨大部分为叶枕。一般叶色浓绿,叶肉细胞丰富,光合效率较高,是高产品种的标志。

茎和叶的生长需要在 18℃ 以上时才能迅速生长。

四、花和开花习性

绿豆为总状花序,花黄色,着生在主茎或分枝的叶腋和顶端的花梗上,每个花序上一般有 10～25 朵花,丛生在花梗上。花梗长 6～20cm,顶端膨大部分叫节瘤轴,轴上的瘤状物叫节瘤,花朵簇生在节瘤的两侧,花梗上密生灰白色或褐色绒毛。绿豆的小花由苞片、花萼、花冠、雄蕊和雌蕊 5 部分组成。苞片位于花萼管基部两侧,长椭圆形,顶端急尖,边缘长有绒毛。花萼着生在花朵的最外边,斜钟形,绿色,萼齿 4 个,边缘长有绒毛。花冠蝶形,5 片联合,金黄色或黄绿色,位于花萼内层,旗瓣肾形,顶端微缺,基部心脏形;翼瓣 2 片,比较短小,有渐尖的爪。龙骨瓣 2 片联合,着生在花冠内,呈弯曲状楔形。雄蕊 10 枚,为(9＋1)二体雄蕊,由花丝和花药组成。花丝细长,顶端弯曲有尖喙,花药黄绿色,花粉粒有网状刻纹。雌蕊 1 枚,位于雄蕊中间,有柱头、花柱和子房组成,子房无柄,密生绒毛,花柱细长呈螺旋状,被有绒毛,顶端弯曲,有柱状球形的尖喙。

绿豆开花顺序因结荚习性不同而异。无限开花结荚习性品种,由内向外、自上而下逐渐开花,并且较有限开花结荚习性品种开花时间长。有限开花结荚习性品种,则由内向外逐渐向上下开花,先主茎顶端,而后向主茎中部、下部和分枝扩展。一天之内,上午 5 时开始开花,6～9 时开花最多,午后开花较少,夜里基本停止开花。

开花时最适温度为 22℃～26℃,若低于 20℃或高于 28℃则很少开花。开花期需要有充足的水分供应,花荚期雨量充沛,土壤含量保持在 80％以上时,生育良好。如果水分充足,不仅根系和茎叶停止生长,而且花荚也难以发育,甚至会引起大量脱落。同时还需要充足的养分和短日照条件。

五、豆荚和豆荚的发育

绿豆的果实为荚果,习惯称豆荚,由荚柄、荚皮和种子组成。绿豆的单株结荚数因品种和生长条件而异,少的 10 多个,多的可达 150 个以上,一般 30 个左右。成熟时荚皮有黑色、褐色或褐黄色,外被棕褐色或灰白色绒毛,横切面呈圆筒形或扁圆筒形,侧面稍弯或平直。荚长 6～16cm,宽 0.4～0.6cm,单荚粒数一般 12～14 粒。可分为:有限结荚习性,结荚密集,着生在主茎花梗上及主茎和分枝顶端,以花簇封顶;无限结荚习性,结荚比较分散,多数结于中部和顶端,节间长,结荚少。只要条件适宜,可进行无限结荚。半有限结荚习性,界于前两者之间。

六、种子及种子的发芽与出苗

绿豆的种子是由子房内受精的胚珠发育而成,包括种皮、子叶和胚三部分。种皮是种子最外面的一层,主要起保护作用。种皮外一侧有一个明显的脐,长度约为种子的三分之一,呈白色线形。脐的上部有一凹陷的小点称合点,为珠柄维管束与种脉相互连接的残迹。脐的下部小孔为珠孔,发芽时胚的幼根即从此处生出,所以又叫发芽孔;珠孔的下端有一个明显的幼茎透射痕迹。种皮包裹着两片肥厚的子叶,子叶呈淡黄色或黄白色,质地坚硬,占种子全部重量的 90% 左右。绿豆籽粒的大小、形状,主要由子叶的大小和形态来决定。胚在种子的基部,占种子重量的 2%,由胚根、胚芽和胚轴三部分组成。

绿豆籽粒有绿色(深绿、浅绿、黄绿)、黄、褐、黑、蓝青色五种颜色。在各色绿豆中又分为有光泽的明绿豆和无光泽的毛绿豆两种。根据籽粒大小,绿豆还可分为大粒、中粒和小粒 3 种类型,一般百粒重在 6g 以上者为大粒型,4～6g 为中粒型,4g 以下为小粒型。绿豆籽粒有圆柱形和球形两种,长 3～6mm,宽 2～5mm。

种子在 8～12℃ 时开始发芽,低于 14℃ 发芽缓慢,30～40℃ 时发芽最快,但幼芽较弱。最适温度为 15～25℃。幼苗对低温有一定的抵抗力,真叶出现前抗寒力较强,短时间的春寒对幼苗影响不大,播种要求土壤田间持水量在 70% 以上,才能满足种子萌发的需要,保证全苗。另外还需要充足的氧气。

第六章　绿豆的栽培技术

第一节　绿豆栽培方式

绿豆生育期较短,过去被当作填闲作物、零星种植,其种植方式以单种和间作套种为主,近几年随着绿豆生产的规模化种植,在生产中推广应用了地膜覆盖栽培方式。

一、单种

单种是指在生长季节较短或荒沙薄地、肥力较差的坡地,以及一些地广人稀的干旱地区,在一块地上一季只种绿豆一种作物的耕作方式,也叫孤种,包括单种、轮作和复种。习惯上人们常利用绿豆生育期短、抗逆性强等特点,在一些生长季节较短或因遭受自然灾害而延误其他作物播种的地区,以及生产条件较差的土地上,单种一季绿豆,能获得一定的产量。近年来,多用绿豆与禾谷类作物轮作,或在麦类及其他作物生长间隙种一季绿豆,实行一地多熟,以提高复种指数,增加单位面积粮食总产量和经济效益。目前常用的种植方式主要有小麦—绿豆、水稻—绿豆、油菜—绿豆、春玉米—绿豆、西瓜—绿豆等。单种能够获得一定的产量,在平原地区,肥力较高的田块每公顷产量可在达1500kg(每亩100kg),高者可达3750kg(每亩250kg)。

二、间作套种

间作套种是将绿豆和玉米、棉花、甘薯、烟草及糜谷等作物共同种植在同一块地里的种植方式,包括间作、套种和混种。人们根据绿豆植株矮小、对光照不敏感、较耐荫蔽等特点,用它与高杆及前期生长较慢的作物间作套种或混种,充分利用单位面积上的光、温、水、土等自然资源,不仅能多收一季绿豆,还能提高主栽作物产量,达到既增产、增收又养地的目的。常用的种植方式主要有绿豆—玉米(高粱)、绿豆—谷子、绿豆—甘薯、棉花—绿豆、绿豆—黄烟、绿豆—幼龄果树等。这种种植方式减轻或避免了作物病虫害的发生,充分利用了自然条件,但田间管理不太方便,而对于蔓生型品种和玉米等高秆作来说,免除了专门给绿豆搭架的麻烦。

三、地膜覆盖栽培

地膜覆盖栽培是一项高产高效农业新技术,在推广以来为调整种植业结构、为农业增产和农民增收以及改善城乡居民生活作出了重要贡献。绿豆地膜覆盖栽培技术是横山区科技人员多年来对生产实践的科学总结。实践证明,绿豆采取地膜覆盖栽培后,产生了以下一些栽培效应。

(一)绿豆采取地膜覆盖栽培后能够提高地温、增加积温

地膜覆盖地面后,由于地膜透光率很高,太阳辐射光能透过地膜到达地表,使地表的热量累积,温度升高,而且地膜不透气,地表反射热又被地膜截留,同时减少了土壤蒸发和空气流动所消耗的热量,使地温增加显著高于裸地栽培。据测定,4月15日至5月20日35d时间里,覆膜作物地面温度平均比裸播作物高3.7℃。0～5cm土层高1.28～5.95℃,0～10cm土层高0.97～5.9℃,

5cm 和 10cm 地层积温分别较裸地播种作物增加 171.68℃ 和 138.16℃。

不同的土壤耕层增温效应不同，0～10cm 显著；10cm 以下，随耕层加深增温效应减弱。气温低时，增温明显；气温下降时增温效果好；阴雨天比晴天增温高。

绿豆不同生育期地膜增温效应也不同，幼苗期和茎叶快速生长期，增温效应显著；封垄后田间郁蔽度增加，增温效应减弱；7月初至7月底增温效应明显下降；8月上旬后还低于裸地绿豆。

(二)绿豆采取地膜覆盖栽培后能够蓄水保墒

由于地膜有良好的不透气性，土壤蒸发的水汽在膜下凝结成水珠，在重力作用下落入土壤表层，有效防止了土壤水分的散失，起到了蓄水保墒的作用。同时由于受地膜增温效应影响，加速了土壤深层水分沿毛细管上升运行，显著地提高了土壤耕层含水量。据测定，地膜绿豆比裸地绿豆 5cm 耕层土壤含水量增加 32.3％，10 厘米耕层增加 4.87％。

(三)绿豆采取地膜覆盖栽培后能够改善土壤物理性状，促进养分转化

由于地膜覆盖有增温保墒作用，同时覆膜后避免了雨水冲刷和人畜践踏，有效地防治了土壤板结，使土壤保持疏松状态，改善了土壤物理状况。覆膜后改善了土壤的水、汽、热状况，有利于土壤微生物繁衍活动，加速了土壤有机质分解。据测定，地膜绿豆 0～20cm 耕层土壤有机质含量较露地栽培绿豆减少 0.2％～0.49％，全氮增加 0.059，速效氮增加 23％～50％，速效磷增加 12％～18.8％，速效钾增加 25％～27.9％，为绿豆生长提供了良好的营养条件。

(四)绿豆采取地膜覆盖栽培后能够抑制杂草生长、减轻草害

膜内温度高、湿度大，促使杂草早萌发、早出苗。当膜内温度上升到40℃以上时，杂草在密闭条件下，逐渐变黄、枯萎死亡，温

度越高枯死越快,特别是对一年生杂草杀灭效果很好。

不论什么作物,采用地膜覆盖栽培时都应掌握一些关键技术环节:

一是保证覆膜质量。在播种前施足基肥,浅翻细耙。按种植规格将地膜拉紧铺平紧贴地面。要避免土块过大,垄面不平,根茬顶破薄膜或膜面积水及大风揭膜。

二是要适时播种。一般应掌握播种时气温稳定通过 10℃,开花期气温不低于 23℃。以晚霜过后,寒尾暖头播种效果最好。

三是要合理密植。根据不同作物的密度要求,制定合理的株行距。

四是要合理施肥。覆膜后土壤微生物活动增加,养分分解快,根系发达,植株前期生长旺盛,需要的养分多。施肥应掌握以基肥为主,重视追肥,注意氮、磷、钾配合施用的原则。

五是要及时引苗出膜。引苗出膜以出苗后 10d 左右进行最好。对播后盖膜的地块,可在苗顶处用刀片划"人"字或"十"字口,把苗放出来,随即用细土压好缝口。对先盖膜后打孔播种的地块,要及时将播种孔上的土块刨开,防止圈芽、烧苗。

第二节　绿豆栽培技术

一、整地施肥

绿豆忌连作,在选地时切忌重茬。首先要做好播前准备工作。绿豆是双子叶植物,幼苗顶土能力较弱。在播种时应适当整地,疏松土壤,蓄水保墒,消灭杂草,以保证出苗整齐。春播绿豆应进行秋耕,并结合耕地每亩施有机肥 1500~3000kg,翌年春季浅耕细耙。套种绿豆受条件限制,无法进行整地,应加强主栽作物的中耕管理。夏播绿豆多在麦后复播,收麦前适当灌水,麦收后及早整地,浅犁细耙,清除根茬和杂草,掩埋底肥。

绿豆施肥应掌握以有机肥和无机肥混合使用的原则。田间施肥量应视土壤肥力情况和生产水平而定,土壤肥力较高不施氮肥,肥力低下施用少量氮肥有利于根瘤菌的形成。春播绿豆结合春耕将肥料一次性作底肥全部施入土壤中,夏播绿豆由于播期短,往往来不及施底肥,可将尿素或复合肥施入土壤中。

二、选用良种

播种前各地应根据当地气候、土壤、茬口、种植方式和市场行情等选用合适的优良品种。目前生产中常用的优质品种主要有中绿 1 号、中绿 2 号、鄂绿 2 号、苏绿 1 号、冀绿 2 号、中绿 4 号、中绿 5 号和榆绿 1 号等。由于绿豆种子成熟不一致,其饱满度和发芽能力也不尽相同,部分品种有 5～10％ 的硬实率。为了提高种子发芽率,在播种前应进行种子凉晒和精选。在有条件的地区可用根瘤菌、增产菌拌种,或进行种子包衣处理。每亩需精选种子 1～2kg。

三、适期播种

绿豆播种短期长,在许多地区既可春播也可夏播。北方春播自 4 月下旬至 5 月上旬,夏播在 5 月下旬至 6 月份。南方春播在 3 月中旬到 4 月下旬,夏播在 6～7 月之间,个别地区可以晚到 8 月初。但过早或过晚都不适宜,要根据当地的气候条件和耕作制度适时播种。实验证明:陕西省以 4 月中旬到 6 月中旬为好。

四、合理密植

绿豆的播种方法有条播、穴播和撒播。单作以条播为主,地膜栽培、间作、套种和零星种植多是穴播,荒沙、荒坡地或作绿肥种植以撒播较多。播深以 3～4cm 为宜。一般条播用种量每亩

1.5～2.0kg,撒播为3～4kg,间作套种视绿豆实际种植面积而定。绿豆种植密度可根据品种特性、土壤肥力和耕作制度而定。一般早熟直立型品种8000～15000株/亩,半蔓生型品种7500～12000株/亩,晚熟蔓生型品种6000～10000株/亩。肥地留苗8000～12000株/亩,中肥地块13000～15000株/亩,瘠薄地块15000～18000株/亩较好。干旱地区山坡地种植中晚熟直立型品种时,中等以上肥力地块4000～4800株,肥力较差地块4500～5500株,地膜栽培4000株左右。行距40～50cm,株距根据密度而定。

五、田间管理

(1)适时镇压。对播种时墒情较差、坷垃较多、土壤砂性较大的地块,要及时镇压。以减少土壤空隙,增加表层水分,促进种子早出苗、出全苗,根系生长良好。

(2)及时间苗、定苗。为使幼苗分布均匀,个体发育良好,应在第一片复叶展开后间苗,在第二片复叶展开后定苗。按既定的密度要求,去弱苗、病苗、小苗、杂苗,留壮苗、大苗,实行单株留苗。

(3)适期灌水与排涝。绿豆耐旱主要表现在苗期,三叶期以后地面水量逐渐增加,现蕾期为绿豆的需水临界期,花荚期达到需水高峰。在有条件的地区可在开花前浇灌或喷灌一次,以促单株荚数及单荚粒数;结荚期再进行一次,以增加粒重并延长开花时间。水源紧张时,应集中在盛花期浇灌或喷灌一次。在没有灌溉补水条件的地区,可适当调节播种期,使绿豆花荚期赶在雨季。绿豆怕水淹,若雨水较多应及时排涝。

(4)及时中耕除草。绿豆多在温暖、多雨的夏季播种,生长初期易生杂草。另外,播后遇雨易造成地面板结,影响幼苗生长。一般应在第一片复叶展开后结合间苗进行第1次浅锄;第二片复叶展开后,开始定苗并进行第2次中耕;到分枝期结合培土进行第 3 次深中耕。

(5)适当培土。绿豆主根不发达,且枝叶茂盛,尤其是到了花荚期,荚果都集中在植株顶部,头重脚轻,易发生倒伏,影响产量和品质。可在三叶期或封垄前用犁或锄头、铁锹在行间开沟培土,不仅可以护根防倒,还便于排水防涝。采用起垄种植或开花前培土是绿豆高产的重要措施。

(6)合理施肥。绿豆施肥应掌握以有机肥为主,无机肥为辅,有机肥和无机肥混合使用,施足基肥,适当追肥的原则。基肥以农家有机肥为主,追肥以氮、磷、钾复合肥和尿素较好。

春播绿豆应在播种前,结合整地施足底肥。夏播绿豆如抢墒播种来不及施底肥,每亩可用 2~5kg 尿素或 5kg 复合肥作种肥。在地力较差,不施基肥和种肥的山坡薄地,于绿豆第一片复叶展开后,结合中耕每亩追施尿素 3kg 或碳酸氢铵 5kg 或复合肥 8kg。在中等肥力地块,于第四片复叶展开(即分枝期)前后,结合培土每亩施尿素 5kg,或过磷酸钙 20~25kg、尿素 2.5~5kg。间套种田一般应比单作地块多施碳酸氢铵 15kg/亩,过磷酸钙 10kg/亩。

绿豆夏播一般 70d 左右就能成熟,但是如果条件适宜,可延长到 120d 以上。其中纯营养生长时间为 40~45d,生殖生长时间 60~80d,能形成 2~3 次开花高峰。在绿豆生长后期进行叶面喷肥,能延长叶片功能期,明显提高绿豆产量。根据绿豆生长情况,全生育期可喷肥 2~3 次。一般第一次喷肥在现蕾期,第二次喷肥在第一批豆荚采摘后,第三次喷肥在第二批豆荚采摘后进行。喷肥的种类视植株长势和追肥情况而定,若分枝期未追施氮肥,第一、二次喷肥时,每亩可用磷酸二氢钾 200g、加植物生长剂 12ml 和 100g 尿素,兑水 150kg 喷施。如分枝期已追施氮肥,在第一次喷肥时则不加尿素。在第三次喷肥时,每亩可用植物生长剂 12ml 或硼砂 200g,加尿素 250g,对水 150kg。喷肥应在晴天上午 10 点前或下午 3 点后进行,亦可与药液同时喷洒。

六、病虫害防治

绿豆病害主要有立枯病、根腐病、病毒病、叶斑病、白粉病、轮纹病、锈病、炭疽病和菌核病,虫害主要有地老虎、蚜虫、豆野螟、豆象、红蜘蛛等。

(1)立枯病:出苗后 10～20d 发生较重,可一直延续到花荚期。发病初期,幼苗茎基部产生红褐色至暗褐色病斑,皮层裂开,呈溃烂状。严重时病斑逐渐扩展并环绕全茎,导致茎基部变褐、凹陷、缢缩、折倒。防治方法:①用种子量 0.3％的 50％多菌灵可湿性粉剂,或 50％福美双可湿性粉剂拌种。②实行轮作。③发病初期用 75％百菌清可湿性粉剂 600 倍液,或 50％多菌灵可湿性粉剂 600 倍液喷洒。

(2)根腐病:绿豆根腐病是一种真菌性病害。发病初期幼苗下胚轴产生红褐色病斑,严重时病斑环绕全茎,茎基部变褐,植株枯萎死亡。防治方法:①使用健康无菌种子或用种子量 0.3％的 50％多菌灵可湿性粉剂拌种。②与禾本科植物轮作倒茬种植。③深翻土地,清除田间病株。④发病初期用 75％百菌清可湿性粉剂或 50％多菌灵可湿性粉剂 600 倍液喷洒。

(3)病毒病:绿豆病毒病在田间的主要表现是花叶、斑驳、皱缩等。病毒可在种子内越冬,播种带毒种子后幼苗发病,形成初侵染,而后通过蚜虫等传播,在田间形成系统性再侵染。防治方法:①选用无病种子。②选用耐病品种。③及时防治蚜虫等传毒昆虫。

(4)叶斑病:叶斑病是绿豆最主要的真菌性病害,各产区均有发生。发病初期在叶片上出现小水渍状斑点,以后扩大成圆形或不规则黄褐色枯斑,后期形成大的坏死斑,导致叶片穿孔脱落、植株早衰枯死。防治方法:①选用抗病品种,如中绿 1 号、中绿 2 号、鄂绿 2 号、苏绿 1 号等。②选留无病种子。③与禾本科作物轮作或间作套种。④在绿豆现蕾期开始用 50％的多菌灵或 50％

苯来特 1000 倍液,及 80%可湿性代森锰锌 400 倍液,每隔 7~10d 喷洒一次,连续喷药 2~3 次,能有效地控制病害流行。

(5)白粉病:白粉病是绿豆生长后期发生的真菌性病害。发病初期下部叶片出现白色斑点并逐渐扩大,严重时整个叶子布满白粉,使叶片由绿变黄,最后干枯脱落。防治方法:①选用抗病品种,如中绿 1 号、中绿 2 号、鄂绿 2 号、苏绿 1 号等。②深翻土地,掩埋病株残体。③发病初期,用 50%苯来特或 25%粉锈宁 2000 倍液,及 75%百菌清 500~600 倍液等,在田间喷洒能有效控制病害发生。

(6)轮纹病:主要危害叶片。出苗后即可染病,但后期发病多。叶片染病,初生褐色圆形病斑,边缘红褐色。病斑上现明显的同心轮纹,后期病斑上生出许多褐色小点,即病菌的分生孢子器。病斑干燥时易破碎,发病严重的叶片早期脱落,影响结实。个别地块受害重。防治方法:①重病地于生长季节结束时要彻底收集病残物烧毁,并深耕晒土,有条件时实行轮作。②发病初期及早喷洒 1:1:200 倍式波尔多液或 77%可杀得可湿性微粒粉剂 500 倍液、30%碱式硫酸铜悬浮剂 400~500 倍液、47%加瑞农可湿性粉剂 800~900 倍液、70%甲基硫菌灵可湿性粉剂 1000 倍液加 75%百菌清可湿性粉剂 1000 倍液、40%多·硫悬浮剂 500 倍液,隔 7~10d 1 次,共防 2~3 次。

(7)锈病:危害叶片、茎秆和豆荚,以叶片为主。叶片染病散生或聚生许多近圆形小斑点,病叶背面现锈色小隆起,后表皮破裂外翻,散出红褐色粉末,即病原菌的夏孢子。秋季可见黑色隆起小长点混生,表皮裂开后散出黑褐色粉末,即病菌冬孢子。发病重的,致叶片早期脱落。防治方法:①种植抗病品种。②提倡施用沤制的堆肥或充分腐熟有机肥。③春播宜早,必要时可采用育苗移栽避病。④清洁田园,加强管理,适当密植。⑤发病初期喷洒 15%三唑酮可湿性粉剂 1000~1500 倍液或 50%萎锈灵乳油 800 倍液、50%硫磺悬浮剂 300 倍液、25%敌力脱乳油 3000 倍液、25%敌力脱乳油 4000 倍液加 15%三唑酮可湿性粉剂 2000 倍液、70％代森锰锌可湿性粉剂 1000 倍液加 15％三唑酮可湿性粉剂 2000 倍液、12.5％速保利可湿性粉剂 2000～3000 倍液、10％抑多威乳油 3000 倍液、80％新万生可湿性粉剂 500～600 倍液、5％乐必耕可湿性粉剂 1000～1500 倍液、40％杜邦福星乳油 9000倍液,隔 15d 左右一次,防治 1 次或 2 次。

(8)炭疽病:主要危害叶、茎及荚果。叶片染病初呈红褐色条斑,后变黑褐色或黑色,并扩展为多角形网状斑。叶柄和茎染病病斑凹陷龟裂,呈褐锈色细条形斑,病斑连合形成长条状。豆荚染病初现褐色小点,扩大后呈褐色至黑褐色圆形成椭圆形斑,周缘稍隆起,四周常具红褐或紫色晕环,中间凹陷,湿度大时,溢出粉红色黏稠物,内含大量分生孢子。种子染病出现黄褐色大小不等的凹陷斑。防治方法:①选用抗病品种。②用无病种子或进行种子处理时应注意从无病荚上采种,或用种子重量 0.4％的 50％多菌灵或福美双可湿性粉剂拌种,40％多·硫悬浮剂或 60％防霉宝超微粉 600 倍液浸种 30min,洗净晾干播种。③实行 2 年以上轮作。④开花后、发病初喷洒 25％炭特灵可湿性粉剂 500 倍液或80％大生 M-45 可湿性粉剂 600 倍液、75％百菌清可湿性粉剂600 倍液、70％甲基硫菌灵(甲基托布津)可湿性粉剂 500 倍液、80％炭疽福美可湿性粉剂 800 倍液、70％甲基硫菌灵可湿性粉剂800 倍液加 75％百菌清可湿性粉剂 800 倍液,隔 7～10d 1 次,连续防治 2～3 次。

(9)菌核病:绿豆菌核病棚室或露地均有发生。进入开花结荚阶段,病株基部呈灰白色,致全株枯萎,剖开病茎可见鼠粪状菌核。荚染病初呈水渍状,后逐渐变成灰白色,有的长出黑色菌核。防治方法:①选用无病种子或进行种子处理。从无病株上采种,如种子中混有菌核及病残体,播前用 10％盐水浸种,再用清水冲洗后播种。②轮作、深耕及土壤处理。有条件的可与水稻、禾本科作物轮作;收获后马上进行深耕,把大部分菌核埋在 3cm 以下;在子囊盘出土盛期中耕,灌水覆地膜升温,利用高温杀死部分菌核。③勤松土、除草,摘除老叶及病残体。④覆盖地膜,合理施肥利用地膜阻挡子囊盘出土,要求铺严。此外要避免偏施氮肥,增施磷钾肥。有条件的可铺盖沙泥,阻隔病菌。⑤重点抓生态防治。必要时喷洒50%农利灵可湿性粉剂1000倍液或50%扑海因可湿性粉剂1000～1500倍液、50%速克灵可湿性粉剂1500～2000倍液、40%纹枯利可湿性粉剂800～1000倍液、50%混杀硫悬浮剂500倍液、50%多霉灵(多菌灵加乙霉威)可湿性粉剂1500倍液、65%甲霉灵(硫菌·霉威)可湿性粉剂1000倍液,每667m² 喷对好的药液60L,隔10d左右1次,防治2～3次。

(10)地老虎:在我国地老虎每年可发生2～7代。幼虫在3龄期前群集危害幼苗的生长点和嫩叶,4龄后的幼虫分散危害,白天潜伏于土中或杂草根系附近,夜间出来啮食幼茎,造成缺苗断垄。防治方法:①翻耕土地,清洁田园。②用糖醋液或用黑光灯诱杀成虫。③3龄前幼虫,可用2.5%溴氰菊酯3000倍液或20%蔬果磷3000倍液喷洒,或用50%辛硫磷乳剂1500倍液灌根。④3龄后幼虫,早晨在受害植株附近逐株顺行人工捕捉。

(11)蚜虫:危害绿豆。蚜虫为黑豆蚜,也叫花生蚜、苜蓿蚜,越冬蚜虫春季在越冬寄主上繁殖,产生有翅蚜向紫穗槐、春豌豆等寄主上迁飞扩散,随后转向绿豆,取食危害。危害时,群聚在绿豆的嫩茎、幼芽、顶端心叶和嫩叶叶背、花器及嫩荚等处吸取汁液。绿豆受害后,叶片卷缩,植株矮小,影响开花结实,严重时造成嫩荚畸形盘曲。防治方法:用10%虫啉可湿性粉剂3000倍液,或10%氯氰菊酯乳油2000倍液,或80%敌敌畏油1500倍液或50%抗蚜威可湿性粉剂2000倍液,或2.5%敌杀死乳油8000倍液。

(12)豆野螟:豆野螟对绿豆危害极大,常以幼虫卷叶或蛀入绿豆的蕾、花和嫩荚取食,也可危害叶片、叶柄及嫩茎。防治方法:①与非豆科作物轮作。②及时清除田间落荚、落叶。③从绿豆始花期开始用药,在上午7～10点将药液喷施于植株上的花、蕾以及地面或叶片上的落花上,使所有花朵都能均匀受药。选用5%锐劲特悬浮剂2000倍液、20%绿得福微乳剂800倍液、40%

新农宝乳油等,每隔 7～10d 施药一次。

(13)豆荚螟:豆荚螟俗称豆蛀虫,幼虫在豆荚内蛀食豆粒,被害籽粒重则蛀空,轻则蛀成缺刻,不能作种子,被害豆荚还充满虫粪,使豆荚发褐霉烂,直接影响绿豆的产量和品质。防治方法:①合理轮作,避免大豆与其他豆科作物连作或邻作。②8 月中旬,第四代豆荚螟产卵盛期,及时喷药防治,毒杀成虫和初孵幼虫。可选用的药剂有 25％快杀灵乳油或 50％辛硫磷乳油或 21％灭杀毙乳油,每亩 50g 等,7d 后再防治 1 次。

(14)豆象:豆象,也叫铁爬爬、豆牛、豆猴,是绿豆主要的仓储害虫,但在仓库和田间均可发生并能造成危害。一年可发生 4～6代,如环境适宜可达 11 代。幼虫在豆粒内越冬,次年春天化蛹,羽化为成虫,从豆粒内爬出。成虫善飞,在仓库豆粒上或田间嫩荚上产卵。防治方法:①物理防治法:可在贮藏的绿豆表面覆盖15～20cm 草木灰或细砂土,或在阳光下连续晾晒,也可将绿豆放入沸水中停放 20s,捞出晾干,能杀死所有成虫,也可用 0.1％花生油敷于种子表面防止豆象产卵。②化学药物防治:一是用磷化铝熏蒸,效果最好,不仅能杀死成虫、幼虫和卵,而且不影响种子发芽和食用。一般可按贮存间每立方米 1～2 片磷化铝的比例,在密封的仓库或熏蒸室内熏蒸;或取磷化铝 1～2 片(3.3g/片),装到小沙布袋内,放入 250kg 绿豆中,用塑料薄膜密封保存。二是每 50kg 绿豆,用 80％敌敌畏乳油 5ml,装入小瓶中,沙布封口,放于贮豆表层,外部密封保存,也能达到良好效果。田间预防可用菊脂类农药在结荚期喷雾。③大田防治宜在绿豆结荚期,用10％氯氰菊酯乳油 2000 倍液或 80％敌敌畏油 1500 倍液或 2.5％敌杀死乳油 8000 倍液,每隔 7～10d 防治 1 次,防治 2～3 次。

(15)红蜘蛛:又名棉红蜘蛛、火蜘蛛,是蛛形纲、蜱螨目多食性害虫,繁殖力强,传播快,危害极大。以成虫或若虫在叶片背面吸食汁液,轻者造成叶片针尖状黄灰白色斑点,重者叶片呈灰白色,甚至整个植株枯干死亡,远望呈火烧状,群众也叫火殇。红蜘蛛个体特别微小,体长仅 0.5mm,一般难以发现,气温越高繁殖越快,一年可发生 10~20 代。一般在 5 月底至 7 月上旬发生,6 月上旬至 8 月下旬是危害盛期。高温干旱时危害严重,以初发期防治为主。防治方法:①危害初期用 1.8% 阿维菌素乳油,每亩 10~15ml 兑水 50kg,均匀喷雾。②10% 除尽悬浮剂 1500~2000 倍或 5% 卡死克乳油 1000~2000 倍液均匀喷雾。

七、适时收获

绿豆具有分期开花、成熟和第一批豆荚采摘后继续开花、结荚习性,农家品种又有炸荚落粒现象,应适时采摘。一般植株上有 60%~70% 的豆荚成熟后,开始采摘,以后每隔 6~8d 采摘一次效果最好。采下的绿豆应及时分批晾晒、脱粒、清选,熏蒸后入库。

第七章　榆绿1号栽培技术

第一节　榆绿1号品种优势

1985年,在科技人员对全区绿豆品种资源的普查中,从武镇、石窑沟等绿豆田块中选出性状比较优良的5个绿豆品种,即当时称为白荚大绿豆、黑荚大绿豆、黑荚小绿豆、小黄颗绿豆和60d小绿豆。科技部门结合外贸出口要求,经过多年系统选育,于1990年在生产中推广了黑荚大明绿豆、黄荚大明绿豆两个绿豆新品种,即现在统称的榆绿1号。此外在部分地块还零星种植用于熬汤和制淀粉的横山普通小绿豆。

榆绿1号与外地明绿豆相比具有以下几方面的优势:一是籽粒品质好。黑荚大明绿豆色泽深绿一致,颗粒大,百粒重6.5g以上,最高可达9.0g,称为特大粒绿豆,而其他产区的绿豆百粒重一般在6.3g以下;二是籽粒霉变少,没有硬实粒,发芽势强,发芽力高,发芽率在99%以上,生产的绿豆芽粗细均匀,耐高温,夏季不易腐烂,保鲜时间比东北豆芽长6~10d,一年四季均可正常生产销售;三是大明绿豆生产基地地处山大沟深的黄土高原腹地,种植地块沟壑纵横,支离破碎,相对独立,病虫害不易发生,基本不施用化肥、农药,远离工矿企业,空气洁净,利用天然降水,有一系列比较先进实用的生产技术作指导,生产的大明绿豆可以说是纯天然绿色食品;四是大明绿豆生产是劳动密集型产业,从播种到收获脱粒全部由人工操作,破碎率低,无异色粒,杂豆杂物少,无二次污染,加工成品率高;五是榆绿1号在日本市场比东北等地绿豆上市早 15～20d,占领市场早,而且每吨售价高出东北绿豆约100 美元;六是榆绿 1 号地域性特别强,种植区纬度相差不宜过大,否则引种很难成功。基于以上几个优势,榆绿 1 号在国内外市场上具有不可替代的作用,虽然收购价格较外地绿豆高出很多,但外商仍然趋之若鹜、乐于进口。

第二节　榆绿 1 号的生长环境

横山区位于陕西省北部,种植绿豆已有 2000 年的历史。榆绿 1 号主要种植在区内南部丘陵沟壑区,土地资源丰富,有利于绿豆和其他作物之间的轮作倒茬,土壤类型多属黄绵土和绵沙土,土质疏松、土层深厚,有利于绿豆根系的下扎,吸收深层水分和养分。全年平均气温 8.6℃,≥10℃的积温 3259.7℃,绿豆全生育期需要大于 10℃的积温为 2550℃,热量绰绰有余。5～9月份气温变化规律呈低→高→低的状态,与绿豆生长发育阶段所需温度变化条件基本一致,其中 5 月份平均气温 17.9℃,是绿豆播种、发芽和出苗的适宜温度;6 月份平均气温 21.6℃,宜于绿豆根系和茎叶的生长;7 月份平均气温 23.3℃,对于绿豆的开花、结荚来说虽然有点偏高,但由于此时雨季来临,降雨增多,对绿豆的开花、结荚影响不大;7 月下旬至 8 月份气温降至 21.6～15℃,适宜绿豆灌浆和成熟。全年降雨量为 399.9mm,其中 60％以上集中在 7、8、9 三个月,从绿豆的整个生育期分析,雨热同季,昼夜温差大,光照时间长,光合效率高,为绿豆的优质生长提供了有利的气候条件。在长期的生产实践中,广大群众总结形成了一套适合当地生产的传统技术,在此基础上,科技人员经过技术革新,进行"四改"技术,即改无肥种植为施肥种植、改间作套种为孤种、改撒播种植为水平沟和垄沟"两法"种植、改露地种植为地膜双沟覆盖种植。加强了田间管理,注重病虫害防治,使绿豆单产和面积逐年增加,综合效益不断提高。目前,榆绿 1 号种植区已扩展到邻近的佳区、米脂、绥德、榆阳区、神木、府谷及延安、山西、甘肃、内蒙等地。

第三节　横山区大明绿豆标准化栽培技术规程

本规程适用于横山区及与横山区土壤、气候、栽培类似的干旱、半干旱山区种植的横山黑荚大明绿豆和黄荚大明绿豆。

一、产量结构指标

(1)目标产量:水平沟栽培亩产≥50kg;地膜覆盖栽培≥75kg;双沟覆膜栽培≥100kg。

(2)密度:水平沟栽培亩留苗 3800～4400 株;地膜覆盖栽培和双沟覆膜栽培亩留苗 4200～4500 株。

(3)单株荚数:18～24 荚。

(4)单荚粒数:10～12 粒。

(5)百粒重:6.5～8.5g。

二、生育进程

(1)播种期:5月1日～5月20日。

(2)出苗期:5月10日～5月31日。

(3)现爪期:6月1日～6月20日。

(4)分枝期:6月21日～6月30日。

(5)现蕾期:7月1日～7月10日。

(6)开花期:7月10日～7月20日。

(7)结荚期:8月1日～8月20日。

(8)成熟期:9月1日～9月20日。

三、播前准备

(1)选择地块:通风良好的缓坡地、梯田、涧地,土质黄绵土,肥力中等以上。

(2)选择前茬:马铃薯、糜谷等禾本科作物和种植 2～3 年牧草后的地块都是绿豆比较理想的前茬。种植大明绿豆不允许重茬连作。

(3)轮作模式:马铃薯→绿豆→禾本科作物或牧草;禾本科作物→绿豆→马铃薯或牧草;牧草种植 2～3 年后→绿豆→马铃薯。

(4)精选种子:选用符合大明绿豆标准的种子,播种前要对种子进行精选,去除异色粒、皱皮粒、大头粒、秕粒、病虫粒、不完善粒,晒种 2～3d。每亩准备百粒重 6.5～7.5g 大明绿豆种子 2kg。

(5)备足农家肥:每亩准备充分腐熟的优质农家肥 1000～3000kg。

四、规格播种

小于 25℃的缓坡地采用《山旱地水平沟栽培技术》进行种植,水平梯田、涧地、源地、塌地按照《绿豆垄沟栽培技术》进行种植,宜覆盖地膜的地块按照《绿豆地膜覆盖栽培技术》和《绿豆双沟覆膜栽培技术》进行种植。播期 4 月下旬至 5 月下旬根据土壤墒情适时播种。

五、查苗补种

播种 10～15d 后,及时查苗,发现缺苗超过 15％时应立即催芽补种。

六、间苗、定苗

第一片三出复叶展开前(现爪期)间去弱苗、病苗、杂苗、小

苗,保留壮苗、大苗;第二片三出复叶展开时定苗,株距×行距为
30~45cm×50cm,每亩水平沟栽培留苗 3800~4400 株;地膜覆
盖栽培和双沟覆膜栽培每亩留苗 4200~4500 株。

七、中耕除草

间苗时浅锄地表,定苗后进行第二次中耕,分枝期结合培土,
进行第三次中耕。除草结合中耕一并进行。

八、防治病虫害

见第六章、第二节之六、病虫害防治。

九、收获

(1)去杂:采摘前拔去田间异型杂株,保证商品质量。种子基
地在收获后还应去掉异色豆荚。

(2)适时收获:榆绿 1 号具无限结荚习性,成熟期不一致,应
随进行人工采摘,以防炸荚掉粒。采摘应在早晨或傍晚田间潮气
较大时进行。

(3)晾晒脱粒:采收后应及时分批进行晾晒、脱粒,妥善储藏,
防止受潮霉变,影响商品质量。

第四节　山旱地水平沟栽培技术

横山区现有旱坡地 8 万多公顷,在 25°以下的坡地上推广山
旱地水平沟绿豆栽培技术,一是能够拦截地表径流,蓄水保墒,缓
解作物需水与干旱的矛盾;二是深开沟、深播种,调用了土壤深层
水分,有利于一播全苗和作物生长期间的根系发育;三是肥料集

中深施,提高了肥料利用率;四是合理密植,充分利用了土壤资源和光热资源。

一、播前准备

绿豆不宜连作,选地时忌重茬。选择土层深厚、肥力中上等阳坡地,理想的前茬是种植糜子、谷子、高粱、玉米等禾本科作物和马铃薯、牧草的地块。每亩准备充分腐熟的农家肥 1000～1500kg,过磷酸钙 15～25kg,或磷酸二铵 7.5kg,精选横山黑荚大明绿豆种子 2kg。

二、等高水平开沟

在秋翻耙糖和早春顶凌耙糖的基础上,播种时选用轻便山地步犁沿坡度等高线按照沟距要求自上而下水平开沟,再用耩子在沟里套耕一次。沟距 50～60cm。

三、施足底肥,防治害虫

沟开好后,每亩顺沟施入腐熟农家肥 1000～1500kg、过磷酸钙 25kg。每亩用 50％锌硫磷 50ml 加水 250ml,拌炒出香味的秕谷 1kg,制成毒饵洒在沟内防治地下害虫。

四、适时精细播种

榆绿 1 号播种期从 4 月下旬开始至 5 月下旬均可,适宜播期为 5 月上中旬,根据每年不同气候状况,能做到"播种在霜前、出苗在霜后"是最为理想的。播种前要对种子进行去杂、去劣、拣除病虫粒,晒种 2～3d,有条件的可用根瘤菌拌种。每亩准备精选的大明绿豆种子 2kg。播种时将种子均匀点入开好的沟中,每粒种子相距约 10～15cm。

五、覆土镇压,防止板结

种子点入沟内随即进行覆土镇压。用木榔头或小石辊镇压,也可用脚踩压,一定要把湿土盖在种子上。盖土深度3～5cm。入种以后要经常到田间检查,特别是土壤比较黏重的地块在雨后如果发生板结,要采取挠耙措施破除板结,发现不能出苗或缺苗断垄要及时进行催芽补种。

六、间苗定苗,合理密植

在第一片复叶展开后,结合第1次中耕浅锄进行间苗;在第二片复叶展开后,结合第2次中耕除草进行定苗。按照既定的密度要求,去弱苗、病苗、小苗、杂苗,留壮苗、大苗,实行单行单株留苗。大绿豆在行距50cm时,株距以30～35cm为宜,亩留苗3800～4400株;小绿豆株距35～40cm,亩留苗3300～3800株。天气干旱宜稠,雨水较多宜稀。

七、中耕除草,沟垄互变

在第一片复叶展开后,结合间苗进行第1次浅锄;第二片复叶展开后,开始定苗并进行第2次中耕;到分枝期或封垄前结合第3次深中耕,将垄变沟,将沟变垄,对绿豆根部进行培土,防止后期倒伏。

八、防治病虫害

绿豆的病害主要有叶斑病、病毒病,可用50%多菌灵粉剂防治。绿豆蚜虫、红蜘蛛危害与气候影响关系很大,在防治上要做到防早、治小、治了,用神农丹底施或吡虫啉、蚜虱净或阿维菌素在分枝期、现蕾期各喷雾1次,防治效果很好。

九、适时采摘

绿豆成熟很不一致,应根据成熟情况适时分批采摘。一般植株上有 60%～70% 的豆荚成熟后,开始采摘,以后每隔 6～8d 采摘一次效果最好,一天中以早晨或傍晚田间潮气大时采摘最佳,不易炸荚掉粒。采下的豆荚应及时分批晾晒、脱粒、清选,妥善入库储藏。

第五节　地膜覆盖栽培技术

绿豆采取地膜覆盖栽培后能够实现苗全苗壮、开花早、结荚早,避开秋旱,单产明显提高,一般可增产 50% 以上。

一、选择地块、合理倒茬

宜选择地势平坦、通风透光良好的缓坡地、涧地、梯田地。绿豆不宜连作,选地时忌重茬,前茬宜选种植糜子、谷子、高粱、玉米等禾本科作物和马铃薯、牧草的地块。

二、施足底肥、平整土地

绿豆对土地要求不太严,黄绵土、沙壤土和轻沙壤土均可种植。在底肥施用上要一次施足,生育期不再追肥。一般每亩施农家肥 2000kg、过磷酸钙 25kg,或农家肥 1500kg、磷酸二铵 10kg。播种以前,根据土壤墒情翻地、整地,结合翻地将肥料一次性施入田中,通过耙耱打碎土块、平整好田面,同时捡净前茬残根枯枝,防止扎破地膜,以利覆膜,确保覆膜质量。

三、规范带型、正确覆膜

田块整好后应及时覆膜保墒。选用宽70～75cm地膜,耕作带宽80～100cm,覆膜时应在平整的田面上,可人工直接按照地膜宽度先开沟后覆膜再压土,也可采用机械或畜力覆膜,做到垄面平、膜面展、地膜紧贴垄面,在垄面上每隔2m拦1土带,以防大风揭膜。土壤墒情太差时不能覆膜,应在平整土地后等雨造墒后再覆膜。

四、选用良好、适时播种

选用横山黑荚大明绿豆或黄荚大明绿豆,种子要精选,去杂、去劣、去病虫粒和不完善粒,要求种子颗粒大而均匀、色泽一致。在5月上、中旬,根据墒情播种。采用机播和人工点种两种方法均可,先覆膜后打孔播种,每垄种两行,垄上小垄距40cm,株距30～35cm,每亩留苗4000～5000株,播种深度4cm,每次点播2～3粒种子,播后压好膜孔。

五、田间管理

(1)查苗、放苗。覆膜点种后遇雨播种孔易板结,影响出苗,因此,出苗时要注意查苗、放苗,防止圈芽、烧苗,发现缺苗要及时催芽补种。

(2)间苗、定苗。间苗进行两次,第一次在两片真叶展开后间开圪垯苗,第二次在第一复叶出现、苗高4～5cm时进行,每穴留2株。之后结合拔苗进行定苗,每穴留1株,亩留4000～5000株。

(3)中耕除草。定苗时在行间进行一次浅中耕,消灭膜间沟里的杂草。分枝期结合揭膜再进行一次深中耕,封垄后不再进行中耕。

（4）病虫害防治。见第六章、第二节之六、病虫害防治。

（5）适时收获。

地膜绿豆成熟较露地绿豆成熟早，而且成熟也不一致，根据成熟情况适时分批采摘。开始采摘前要进行田间去杂去劣，一般植株上有70％～80％的豆荚成熟后，开始采摘，以后每隔6～8d采摘一次。一天中以早晨或傍晚田间潮气大时采摘不易炸荚掉粒。采收的豆荚应及时分批晾晒、脱粒、清选，妥善入库储藏，防止受潮霉变。

第六节　绿豆双沟覆膜栽培技术

双沟覆膜栽培技术是在地膜覆盖栽培技术的基础上，借鉴外地经验，结合本地实际，通过大胆改进、科学完善而形成的一项新技术。该技术采取开双沟、集天水措施，集垄面无效降雨为作物根际有效降水，有效缓解了作物需水矛盾，在"十年九旱"和"十田九旱"的干旱地区是一项雨少保收、雨多增收的作物栽培新技术。

绿豆采用双沟覆膜栽培技术，其增产增收效果极为显著。

一、选择地块、合理倒茬

宜选择地势平坦、能风透光良好的缓坡地、涧地、梯田地。绿豆不宜连作，选地时忌重茬，前茬是种植糜子、谷子、高粱、玉米等禾本科作物和马铃薯、牧草的地块。

二、施足底肥、平整土地

绿豆对土地要求不太严，黄绵土、砂壤土和轻砂壤土均可种植。在底肥施用上要一次施足，生育期不再追肥。一般每亩施农家肥2000kg、过磷酸钙25kg，或农家肥1500kg、磷酸二铵10kg。

播种以前,根据土壤墒情,抢墒翻地、整地,结合翻地将肥料一次性施入田中,通过耙耱,打碎土块、平整好田面,同时捡净前茬残根枯枝,防止扎破地膜,以利覆膜,确保覆膜质量。

三、规范带型、开沟覆膜

田块整好后应及时开沟覆膜保墒。选用宽 70~75cm 地膜,耕作带宽 80~100cm,覆膜时应在平整的田面上,人工用专用开沟器直接开沟后覆膜再压土,也可采用机械或畜力开沟覆膜。膜覆好后横断面呈"W"型,做到地膜紧贴垄面垄沟,而且垄面平、沟内通、膜面展。在垄面上每隔 2m 拦 1 土带,以防大风揭膜。如覆膜时土壤墒情太差,应在覆膜后降雨前根据株距及时打孔集雨造墒。

四、选用良好、适时播种

选用横山黑荚大明绿豆或黄荚大明绿豆,种子要精选,去杂、去劣、去病虫粒和不完善粒,要求种子颗粒大而均匀、色泽一致。在 5 月上、中旬,根据墒情播种。采用机播和人工点种两种方法均可,先覆膜后打孔播种,每垄种两行,垄上小垄距 40cm,株距 30~35cm,每亩留苗 4000~5000 株,播种深度 4cm,每穴点播 2~3 粒种子,播后压好膜孔。墒情不足、种子发芽困难时要采取顺沟浇水点种。

五、田间管理

(1)查苗、放苗。铺膜点种后遇雨播种孔易板结,影响出苗,因此,出苗时要注意查苗、放苗,防止圈芽、烧苗,发现缺苗要及时催芽补种。

(2)间苗、定苗。间苗进行两次,第一次在两片真中展开后间开圪垯,第二次在第一复叶出现、苗高4～5cm时进行,每穴留2株。1周后结合拔苗进行定苗,每穴留1株,亩留4000～5000株。

(3)中耕除草。定苗时在行间进行一次浅中耕,消灭膜间沟里的杂草。分枝期结合揭膜再进行一次深中耕,封垄后不再进行中耕。

(4)病虫害防治。见第六章、第二节之六、病虫害防治。

六、适时收获

绿豆成熟期不一致,应根据成熟情况适时分批采摘。开始采摘前要进行田间去杂去劣,一般植株上有70%～80%的豆荚成熟后开始采摘,以后每隔6～8d采摘一次。一天中以早晨或傍晚田间湿气大时采摘不易炸荚掉粒。采收的豆荚应及时分批晾晒、脱粒、清选,妥善入库储藏,防止受潮霉变。

第七节　榆绿1号无公害栽培技术

一、地块选择

选择通风透光良好、土壤肥力中等的缓坡地、梯田及塬地、涧地。

二、合理轮作

绿豆种植不宜连作,合理的轮作倒茬方式主要有:
(1)绿豆—糜子(禾谷类)—洋芋。
(2)糜子(禾谷类)—洋芋—绿豆。
(3)苜蓿(沙打旺)等牧草2～3年—糜子(洋芋)—绿豆。

三、种子选用

(1)选用榆绿1号种子,播种前进行人工精选,去除杂物、病虫粒和异色粒,要求种子颗粒大小均匀、色泽一致。

(2)统一供种,农户不得自行留种,不得以粮代种。

四、施肥

每亩施用有机农家肥 500～1000kg、碳铵 20kg、过磷酸钙 30kg,播种前结合耕地翻入地块即可。

五、播种

5月至6月上旬均可播种。缓坡地采用水平沟种植,旱平地采用垄沟或双沟覆膜种植。实行先开沟、后溜籽,接着进行踩压、覆土的播种方法。播种深度视土壤墒情而定,一般 3～4cm,每亩播量 2kg。

六、田间管理

(1)查苗补种。发现缺苗超过 15% 时应及时补种。

(2)间苗定苗。第一片三出复叶展开前(现爪期)结合中耕除草,浅锄地表,间去弱苗、病苗,保留壮苗、大苗;第二片三出复叶展开时结合第二次中耕进行定苗,一般行距 50cm,水平沟种植株距 30cm,亩留苗 4000 株,双沟覆膜株距 40cm,亩留苗 3300 株。

(3)田间去杂。田间采摘前必须剔除异型杂株,确保产品质量。

七、病虫害防治

以预防为主,结合轮作倒茬、秋翻冻伐等农业措施进行。生长期间病虫害严重时,宜选用合适的无公害农药品种进行防治。

(1)红蜘蛛、蚜虫。用10%吡虫啉可湿性粉剂,每亩10g,在绿豆分枝期喷雾。1.8%阿维菌素乳油25ml 2000～2500倍液在现蕾初期喷雾。

(2)绿豆象。4.5%氯氰菊酯2000～3000倍液在现蕾开花后的幼荚初期喷雾。

(3)叶斑病。50%多菌灵可湿性粉剂600～800倍液或80%代森锰锌400倍液在叶班病发生初期喷雾。生育期喷雾防治不超过两次,最后一次在现蕾初期。

八、适时收获

绿豆豆荚成熟期不一致,应分批适时采摘。收获后的产品应及时晾晒、脱粒,使用规定的包装物进行包装。

第八节　榆绿1号有机栽培技术

参照国家环保总局有机食品发展中心(OFDCO)《有机认证标准》、日本农林规格协会(JAS)《有机农产品的日本农林规格》和世界贸易组织(WTO)《农业协定》中《实施卫生与植物卫生措施协定》有关规定,结合横山区生产习惯和操作实际制定。

一、地块选择

选择通风透光良好、土壤肥力中等、三年以上没有使用农药和化肥的缓坡地、梯田及塬地、界地。

二、合理轮作

绿豆种植不宜连作,合理的轮作倒茬方式主要有:

(1)绿豆—糜子(禾谷类)—洋芋。

(2)糜子(禾谷类)—洋芋—绿豆。

(3)苜蓿(沙打旺)等牧草 2～3 年—糜子(洋芋)—绿豆。

三、种子选用

(1)选用榆绿 1 号种子,播种前进行人工精选,去除杂物、病早粒和异色粒,要求种子颗粒大小均匀、色泽一致。

(2)统一供种,农户不得自行留种,不得以粮代种。

四、施足有机肥

有机种植不允许施用化肥。每亩施用充分腐熟的农家有机肥 2000～3000kg,播种前结合耕地翻入地块即可。

五、规格播种

4 月下旬至 5 月下旬均可播种。缓坡地采用水平沟种植,旱平地采用垄沟种植。实行先开沟、后溜籽,接着进行踩压、覆土的播种方法。播种深度视土壤墒情而定,一般 3～4cm,每亩播量 2kg。

六、田间管理

(1)查苗补种。发现缺苗超过 15％时应及时催芽补种。

(2)间苗定苗。第一片三出复叶展开前(现爪期)结合中耕除草,浅锄地表,间去弱苗、病苗,保留壮苗、大苗;第二片三出复叶展开时结合第二次中耕进行定苗,一般行距 45cm,株距 25～30cm,亩留苗 5000～6000 株。

(3)田间去杂。田间采摘前必须去除异型杂株,确保产品质量。

七、病虫害防治

病虫害防治以预防为主,结合轮作倒茬、深翻晒伐等农业措施进行。生长期间病虫害严重、达到防治指标时,宜选用有机栽培规定的生物农药进行防治。

八、适时收获

绿豆豆荚成熟期不一致,应分批适时采摘。收获后的产品应及时晾晒、脱粒,使用规定的包装进行包装。

第八章 榆林地区绿豆病虫害

国内很多学者对绿豆病虫害进行了一定的研究。李彦军和韩雪(2011)对绿豆主要害虫地老虎(*Agrotis ypsilon*)、赤绒金龟(*Maladera verticalis*)等的危害方式以及各自害虫的防治方法进行了一定的报道。雷锦银(2013)报道榆林市横山绿豆危害严重的种类有蚜虫(*Aphis* Spp)、绿豆象(*Callosobruchus chinensis*)、朱砂叶螨(*Tetranychus cinnabarinus*)、金龟子(*Maladera* spp),病害种类有绿豆白粉病、绿豆轮纹叶斑病、绿豆细菌性晕疫病、绿豆枯萎病。朱振东和段灿星(2012)对绿豆的主要病虫害进行了图谱介绍。宋健(2013)对豆野螟(*Maruca testulalis*)、蚜虫、绿豆卷叶螟(*Sylepta ruralis*)的形态特征、危害状况、防治方法进行了报道。绿豆是榆林的特色农作物之一,近年来病虫害发生日益严重。为了明确榆林市绿豆种植区害虫种类和危害程度,2016—2019 年,采用黑光灯引诱和田间调查法对榆林市绿豆病虫害进行了系统调查。

第一节 榆林市绿豆害虫种类

在榆林市绿豆种植区的害虫调查,共采集到标本 2200 多号,鉴定绿豆害虫 31 种,分别隶属 3 目 16 科,其中部分害虫例如小黑齿爪鳃金龟、豆卜馍叶蛾等少数害虫仅鉴定到属。鳞翅目害虫共采集到 13 种,占害虫种类总数的 41.9%;鞘翅目害虫共采集到 12 种,占害虫种类总数的 38.7%;半翅目害虫共采集 6 种,占害虫种类总数的 19.4%。榆林市绿豆害虫主要分布在鳞翅目和鞘翅目。危害严重的害虫有黑绒金龟、赤绒金龟、豆荚螟和豆蚜。

从危害程度来看，危害程度达到 3 级，即发生多、分布广，危害严重的害虫有 6 种，占害虫种类总数的 19.4%。危害较轻达到 2 级的害虫有 4 种，占害虫种类种数的 12.9%。发生少或常见但危害轻达到 1 级的害虫有 20 种，占害虫种类总数 64.5%。发生数量极少危害极轻或无的害虫有 3 种，占害虫种类种数的 9.7%。

从危害部位来看，危害绿豆根部的害虫主要有大黑鳃金龟、小黑齿爪鳃金龟、黑绒金龟、赤绒金龟、棕色鳃金龟、小地老虎和黄地老虎；危害绿豆豆粒的害虫主要有豆荚螟、绿豆象、四纹豆象等；危害绿豆叶片和茎干的害虫主要有豆蚜、草地螟、绿盲象、红缘灯蛾、棉大造桥虫、绿芫菁、大灰象、点蜂缘蝽、豆芫菁、双斑萤叶甲、大青叶蝉、豆卷叶螟、豆银纹夜蛾、豆天蛾等。

表 8-1 是榆林市绿豆害虫名录，表 8-2 是榆林市绿豆主要害虫属种比例一览表。

表 8-1 榆林市绿豆害虫名录

所属目	所属科	中文名	学名	主要危害部位	危害程度
鞘翅目	鳃金龟科	大黑鳃金龟	*Hloltrichia diomphalia*	根、叶	＋
		小黑齿爪鳃金龟	*Holitrichia* sp.	根、叶	＋
		棕色鳃金龟	*Holotrichia titanis*	根、叶	＋
		黑绒金龟	*Maladera orientalis*	根、叶	＋＋＋
		赤绒金龟	*Maladera verticalis*	根、叶	＋＋＋
	丽金龟科	四纹丽金龟	*Popillia quadriguttata*	叶片	＋
	芫菁科	绿芫菁	*Lytta caraganae*	叶片	＋
		豆芫菁	*Epicauta chinensis*	叶片	＋
	豆象科	绿豆象	*Callosobruchus chinensis*	豆粒	＋＋
		四纹豆象	*Callosobruchus maculatus*	豆粒	＋＋
	象虫科	大灰象	*Sympiezomias* sp.	叶片、茎干	＋
	叶甲科	双斑萤叶甲	*Monolepta hieroglyphica*	叶片	＋

续表

所属目	所属科	中文名	学名	主要危害部位	危害程度
鳞翅目	螟蛾科	豆荚螟	*Etiella zinckenella*	豆粒	＋＋＋
		豆卷叶野螟	*Sylepta ruralis*	叶片	＋
		豇豆荚螟	*Maruca testulalis*	叶片、豆粒	＋
		豆卷叶螟	*Lamprosema indicata*	叶片	＋
		草地螟	*Loxostege sticticalis*	叶片	＋＋
	天蛾科	豆天蛾	*Clanis bilineata*	叶片	＋
	夜蛾科	豆银纹夜蛾	*Autographa nigrisigna*	叶片	＋
		斜纹夜蛾	*Spodoptera litura*	叶片	－
		小地老虎	*Agrotis ypsilon*	根、叶	＋＋＋
		黄地老虎	*Agrotis segetum*	根	＋＋＋
		豆卜馍叶蛾	*Bomolocha* sp.	叶片	－
	尺蛾科	棉大造桥虫	*Ascotis selenaria*	叶片	＋
	灯蛾科	红缘灯蛾	*Amsacta lactinea*	叶片	＋
同翅目	蚜科	豆蚜	*Aphis craccivora*	叶、茎	＋
	叶蝉科	大青叶蝉	*Cicadella viridis*	叶、茎	＋
半翅目	盲蝽科	绿盲蝽	*Apolygus lucorum*	叶、茎	＋＋
	蝽科	斑须蝽	*Dolycoris baccarum*	叶、茎	＋
		稻绿蝽	*Nezara viridula*	叶、茎	－
	缘蝽科	点蜂缘蝽	*Riptortus pedestris*	叶、茎	＋

表 8-2 榆林市绿豆主要害虫属种比例一览表

目名	科名	种		合计/%
		小计	占总数比例/%	
鞘翅目	鳃金龟科	5	16.1	38.7
	丽金龟科	1	3.2	
	芫菁科	2	6.5	
	豆象科	2	6.5	

目名	科名	种		合计/
		小计	占总数比例/%	%
鞘翅目	象虫科	1	3.2	38.7
	叶甲科	1	3.2	
鳞翅目	螟蛾科	5	16.1	41.9
	天蛾科	1	3.2	
	夜蛾科	5	16.1	
	尺蛾科	1	3.2	
	灯蛾科	1	3.2	
同翅目	蚜科	1	3.2	19.4
	叶蝉科	1	3.2	
	盲蝽科	1	3.2	
	蝽科	2	6.5	
	缘蝽科	1	3.2	
合计		31	100	100

从榆林市绿豆主要害虫属种比例一览表中不难看出，鉴定的31种绿豆害虫，其中鳞翅目害虫共采集到13种，占害虫种类总数的41.9%；鞘翅目害虫共采集到12种，占害虫种类总数的38.7%；半翅目害虫共采集6种，占害虫种类总数的19.4%。榆林市绿豆害虫主要集中在鳞翅目和鞘翅目。

第二节　绿豆主要虫害的危害特征及发生规律

一、金龟子

金龟子隶属鞘翅目金龟子总科。在本次调查中发现金龟子的危害比较严重，黑光灯引诱的成虫有大黑鳃金龟、小黑齿爪鳃金龟、棕色鳃金龟、黑绒金龟、赤绒金龟和四纹丽金龟,其中对绿豆造成严重危害的为黑绒金龟和赤绒金龟。两种金龟子幼虫取食绿豆主根和须根,致使植株枯死,造成缺苗断垄。当地下食物缺乏时,夜间出土活动危害近地面茎干表皮,导致绿豆植株变黄甚至枯萎死亡。金龟子成虫主要危害绿豆叶片和嫩茎,虫口密度大时常造成绿豆植株茎叶凋亡,严重影响绿豆的产量和质量。

黑绒金龟和赤绒金龟在榆林市绿豆植株上一年发生1代,主要以成虫在土层中越冬,黑绒金龟在4月下旬开始出土5月下旬到6月上旬达到危害盛期,而赤绒金龟在5月下旬开始出土,7月上旬达到危害盛期。出土的黑绒金龟和赤绒金龟不仅危害绿豆植株,也危害其他作物。金龟子成虫一般在傍晚时分出土活动,午夜入土潜伏,具有较强的趋光性,黑光灯诱捕效果较好。

二、豆荚螟

豆荚螟属于鳞翅目螟蛾科,主要在豆荚内取食豆粒,轻则将籽粒蛀成缺刻,重则将籽粒蛀空,危害部位一般从植株的上部渐至下部。除了危害豆荚外,豆荚螟幼虫还可以蛀入豆株茎内危害,被害部位还充满虫粪严重影响绿豆的产量和质量。

该害虫在榆林绿豆种植区一年可发生2~3代,多以老熟的幼虫在绿豆附近的土表结茧越冬,成虫部分被带到仓库在仓库中越冬。随着温度升高,5月中旬出现幼虫,在绿豆没有结荚前主要产卵于嫩芽、嫩叶和幼嫩的叶柄等,6月下旬至7月上旬成虫通过在豆荚上产卵进行大量繁殖,幼虫孵化后便在绿豆植株寻找豆荚,一般1荚内仅有1虫,多时有2虫。7下旬至8月上旬达到危害盛期。成虫白天多栖息在绿豆植株的叶背和茎上,活动较少,夜晚活动较为活跃,趋光性不强。

三、豆蚜

豆蚜属于半翅目蚜科,是绿豆作物的主要刺吸类害虫之一,成虫和若虫集中在绿豆的嫩叶、嫩茎和顶叶上刺吸汁液,进而使绿豆叶片卷曲、皱缩、发黄,严重时豆蚜布满茎叶并大量排泄黑色物质,严重影响绿豆植株的光合作用,最终导致绿豆植株死亡。

在榆林绿豆种植区上一年可发生 $10\sim20$ 代,世代重叠,主要以成虫和若虫在路旁的杂草上或绿豆叶背处越冬。随着温度的回升以及绿豆植株出土,6月上旬豆蚜开始在绿豆植株上繁殖,6月中旬至7月下旬达到危害盛期。

四、地老虎

地老虎属鳞翅目,夜蛾科,又名土蚕、切根虫等,是绿豆苗期的重要地下害虫,主要危害绿豆的是小地老虎和黄地老虎,一年中以春夏危害比较严重,主要以幼虫取食绿豆的根茎造成绿豆整株死亡。以小地老虎为代表进行介绍。

我国绿豆北方产区发生 $1\sim3$ 代,南方绿豆产区有 $1\sim6$ 代。一般以幼虫和或蛹在土壤中越冬。小地老虎成虫昼伏夜出,$19:00\sim22:00$ 为成虫的活动高峰,在春季傍晚温度愈高,活动数量愈多。成虫羽化后需补充营养,喜食糖醋酒液。卵散产或聚产,产卵在绿豆的根部和杂草上。每雌虫平均产卵 $600\sim800$ 粒。成虫有很强的趋光性。幼虫一般为6龄,偶尔有 $7\sim8$ 龄。$1\sim3$ 龄幼虫在植株上危害,$4\sim6$ 龄为暴食期,可将植物茎基部咬断,造成大量缺苗断垄,大量幼苗死亡。

小地老虎喜温暖潮湿的条件,最适发育温区为 $13\sim25℃$。一般冬季温度偏高,降雨量较多,翌年越冬代虫口数量较大,地势低洼、雨水多、土质疏松、保水强的沙壤土最适其发生。在蜜源植物多的地方,为其成虫提供大量补充营养的蜜源,容易形成爆发。

第三节 绿豆主要病害的识别症状及发生规律

在榆林绿豆种植区绿豆病害造成的损失比虫害严重的多,主要的侵染源为真菌、细菌、病毒,主要的病害有绿豆白粉病、绿豆轮纹叶斑病、绿豆细菌性晕疫病、绿豆枯萎病和绿豆病毒病。

一、绿豆轮纹叶斑病

1. 症状识别

主要危害叶片,也可危害茎、荚和豆粒。出苗后即可染病,但后期发病多。叶部症状初为圆形或椭圆形病斑,略凹陷,深褐色;病斑逐渐扩大展,形成中央灰褐色、边缘红褐色病斑,有时具有同心轮纹,后期病斑上产生许多黑色颗粒状分生孢子器。随着病情发展,一些病斑逐渐相连而成为大型不规则的黑色斑块;干燥时,发病部位破裂、穿孔或枯死,发病严重的叶片早期脱落。

2. 发生规律

以菌丝体和分生孢子器在病残体或种子中越冬,条件适宜时,病残体中分生孢子器产生的分生孢子借风雨传播,进行初侵染和再侵染。在生长季节,如天气冷凉潮湿、大雾或种植过密、田间湿度大,有利于病害发生。此外,偏施氮肥种植长势过旺或肥料不足种植长势衰弱,导致寄主抗病力下降,发病重。

二、绿豆白粉病

1. 症状识别

在绿豆生育后期发生,危害叶片、茎和荚。发病初期表现为点状褪绿,逐渐在病部表面产生一层白色粉状物,开始点片发生,后扩展到全叶。发生严重时,叶片变黄,提早脱落。

2. 发生规律

病原菌以闭囊壳在土表病残体上越冬,翌年条件适宜时散出子囊孢子进行初侵染,植株发病后,病部产生的分生孢子通过风、雨和昆虫产生再侵染,经多次重复侵染,扩大危害。病害可以在一个较宽的环境条件范围发生,但中等温度(21℃)和相对较低的湿度(65％)有利于侵染和病害发生。

三、绿豆枯萎病

1. 症状识别

病菌首先侵染小根和须根,然后向主根蔓延。侵染由根部分别向根冠和茎基部扩展,病部腐烂,后期侧根和主根大部分干缩,植株容易拔起叶片叶脉间褪绿变黄,叶尖和叶缘焦枯,叶片由下而上逐渐枯萎但不脱落;根和茎部皮层组织及维管束变褐,早期侵染导致植株严重矮化。

2. 发生规律

病菌以菌丝体及厚垣孢子在病残体和土壤中越冬,可在土壤中腐生多年,土壤带菌是病害发生的主要原因。在田间病菌通过雨水、农具及人畜活动等传播。地下水位高、土壤湿度大的地块,病害发生严重。

四、绿豆细菌性晕疫病

1. 症状识别

主要危害叶片,有时也对豆荚和种子造成侵染。最初,较下部叶片表面出现小的水浸斑,随后坏死,变为淡黄色到棕褐色。围绕病斑产生一个宽的黄绿色晕圈,病斑通常保持直径 1~2mm,晕圈直径可以达 1cm 左右。后期,病斑在叶脉间扩展,有时连接成片,病斑黑色,潮湿时病斑上产生白色的菌脓。荚被侵染产生水浸状病斑,潮湿时有白色菌脓产生。被侵染种子比正常种子小,种皮皱缩,变色。在严重侵染情况下,染病植株可以产生系统褪绿症状,植株矮化,叶片向下卷曲。

2. 发生规律

病原菌种传播,能在带病组织内存活 12 个月,种子带菌是主要初次侵染源。在田间,病原菌通过气孔或机械伤口侵入,通过风雨、水溅、农事操作等传播。冷凉、潮湿地区易发病。在 18~22℃温度利于病害流行,潜伏期 2~3d。在 28~32℃条件下潜伏期 6~10d,症状较轻,晕圈消失,但寄主内病原菌数量较多。

五、绿豆病毒病

1. 症状识别

绿豆出苗后到成株期均可发病。叶上出现斑驳或绿色部分凹凸不平,叶皱缩。有些品种出现叶片扭曲畸形或明脉,病株矮缩,开花晚。豆荚上症状不明显。

2. 发生规律

绿豆病毒病的发病规律尚不完全清楚。一般认为,绿豆病毒病的初侵染来源为带毒的种子,带毒种子长出的幼苗,条件适宜时即可发病,成为田间传播的侵染源。带病绿豆幼苗发病轻时,幼苗期出现花叶和斑驳症状,随着时间推移,发病日益严重,幼苗出现皱缩小叶丛生的花叶植株,叶片畸形皱缩,叶肉隆起形成疱斑,有明显的黄绿相间皱缩花叶。绿豆病毒病的田间传播主要依靠媒介昆虫、蚜虫等刺吸类口器的有害昆虫进行传播,通过汁液接触和伤口进行传染,此外,若遇到风雨天气会造成株间互相摩擦,会加重传染;病害的远距离传播主要靠带毒的种子。

附件一 横山区无公害绿豆
生产技术规程

1. 适用范围

本标准规定了无公害食品绿豆的产地环境、生产技术、病虫害防治、采收和生产档案。

本标准适用于横山区无公害绿豆的生产。

2. 引用标准

GB 4285 农药安全使用标准

GB 4404.3 粮食作物种子 赤豆、绿豆

GB/T 8321 (所有部分) 农药合理使用准则

NY/T 496 肥料合理使用准则 通则

3. 产地环境

3.1 环境条件

环境良好,远离污染源,符合无公害食品产地环境要求,可参照 NY 5116 规定执行。

3.2 土壤条件

以土质疏松、透气性好的中性或弱碱性壤土为宜。选择通风透光良好、土壤肥力中等的缓坡地、梯田及塬地、涧地。绿豆种植不宜连作,合理的轮作倒茬方式主要有:绿豆—糜子(禾谷类)—洋芋;糜子(禾谷类)—洋芋—绿豆;苜蓿(沙打旺)等牧草 2～3年—糜子(洋芋)—绿豆。

4. 生产技术措施

4.1 品种选择

选用榆绿 1 号种子,播种前进行人工精选,去除杂物、病虫粒

和异色粒,要求种子颗粒大小均匀、色泽一致。种子质量应符合GB 4404.3 的有关规定。

4.2 整地施肥

4.2.1 施肥原则

使用肥料应符合 NY/T 496 的规定。禁止使用未经国家或省级农业部门登记的化肥和生物肥料,以及重金属含量超标的有机肥和矿质肥料。不使用未达到无公害指标的工业废弃物和城市垃圾及有机肥料。

4.2.2 施肥方法

每亩施用有机农家肥 500～1000kg、碳铵 20kg、过磷酸钙30kg,播种前结合耕地翻入地块即可。

4.3 播种

4.3.1 时间

5 月至 6 月上旬均可播种。缓坡地采用水平沟种植,旱平地采用垄沟或双沟覆膜种植。实行先开沟、后溜籽,接着进行踩压、覆土的播种方法。播种深度视土壤墒情而定,一般 3～4cm,每亩播种量 2kg。

4.3.2 方法

一般单作条播,间作、套种或零星种植点播,荒沙地撒播。

4.3.3 种植密度

一般单作每 $667m^2$ 留苗 4000 株左右,每 $667m^2$ 用种量 1.5～2.0kg。间作、套种视绿豆实际种植面积而定。

4.4 田间管理

4.4.1 间苗定苗

第一片三出复叶展开前(现爪期)结合中耕除草,浅锄地表,间去弱苗、病苗,保留壮苗、大苗;第二片三出复叶展开时结合第二次中耕进行定苗,一般行距 50cm,水平沟种植株距 30cm,亩留苗 4000 株,双沟覆膜株距 40cm,亩留苗 3300 株。

4.4.2 中耕除草

及时中耕除草,可在第一片复叶展开后结合间苗进行第一次浅锄;第二片复叶展开后,结合定苗进行第二次中耕;分枝期结合培土进行第三次深中耕。

5. 病虫害防治

5.1　绿豆主要病虫害

主要病害有根腐病、病毒病、叶斑病、白粉病等,主要虫害有红蜘蛛、蚜虫、豆叶螟、地老虎等。

5.2　防治原则

以预防为主、综合防治,结合轮作倒茬、秋翻冻伐等农业措施进行,优先采用农业防治、物理防治和生物防治。生长期间病虫害严重时,宜选用合适的农药品种,科学使用化学防治,达到无公害绿豆生产安全、优质、高产的目的。

5.3　防治方法

5.3.1　农业防治

5.3.1.1　因地制宜

选用横山黑荚大明绿豆、黄荚大明绿豆等抗(耐)病、虫品种。

5.3.1.2　合理布局

与禾本科作物轮作或间作套种,深翻土地,清洁田园,清除病虫植株残体。

5.3.1.3　适期播种

避开病虫害高发期。

5.3.2　物理防治

5.3.2.1　地老虎

用糖醋液或黑光灯诱杀成虫;将新鲜泡桐树叶用水浸泡湿后,于傍晚撒在田间,每 $667m^2$ 撒放 $700\sim800$ 片叶子,第二天早晨捕杀幼虫。

5.3.2.2　螟虫类

用汞灯诱杀豆荚螟、豆野螟成虫。

5.3.2.3　蚜虫

在田间挂设银灰色塑膜条驱避。

5.3.3 生物防治

保护利用田间捕食螨、寄生蜂等自然天敌。

5.3.4 药物防治

5.3.4.1 药剂使用原则

使用药剂时，应首选低毒、低残留、广谱、高效农药，注意交替使用农药。严格按照 GB 4285 和 GB/T 8321（所有部分）及国家其他有关农药使用的规定执行。不使用高毒、剧毒、高残留农药。

5.3.4.2 禁止使用农药

禁止使用的农药品种有：甲胺磷、甲基对硫磷、对硫磷、久效磷、磷胺、甲拌磷、甲基异柳磷、特丁硫磷、甲基硫环磷、治螟磷、内吸磷、克百威、涕灭威、灭线磷、硫环磷、蝇毒磷、地虫硫磷、氯唑磷、苯线磷。

5.3.5 病害防治

5.3.5.1 根腐病

播种前用 75％的百菌清、50％的多菌灵可湿性粉剂，按种子量 0.3％的比例拌种。

5.3.5.2 病毒病

及时防治蚜虫。

5.3.5.3 叶斑病

绿豆现蕾和盛花，或发病初期选用 50％的多菌灵可湿性粉剂 800 倍液，或 75％的百菌清 500 倍～600 倍液喷雾防治。7～10d 一次，连续防治 2 次～3 次。

5.3.5.4 白粉病

发病初期选用 25％三唑酮可湿性粉剂 1500 倍液喷雾。

5.3.6 虫害防治

5.3.6.1 地下害虫

在播种前将新鲜菜叶在 90％敌百虫晶体 400 倍液中浸泡 10min，傍晚撒在田间诱杀幼虫。出苗后于傍晚在靠近地面的幼苗嫩茎处用浸泡药液的菜叶诱杀。

5.3.6.2　蚜虫

用 10％吡虫啉可湿性粉剂，每亩 10g，在绿豆分枝期喷雾。2.5％氰戊菊酯乳油 2000～3000 倍液。

5.3.6.3　红蜘蛛

用 10％吡虫啉可湿性粉剂，每亩 10g，在绿豆分枝期喷雾。1.8％阿维菌素乳油 25ml 2000～2500 倍液在现蕾初期喷雾。

5.3.6.4　蝽虫类

在现蕾分枝期和盛花期，选用菊酯类杀虫剂（如 2.5％氰戊菊酯、2.5％氯氰菊酯、2.5％溴氰菊酯乳油）2000～3000 倍液喷雾。

5.3.6.5　绿豆象

4.5％氯氢菊酯 2000～3000 倍液在现蕾开花后的幼荚初期喷雾。

6. 采收

6.1　分次收获

植株上 70％左右的豆荚成熟后，开始采摘，以后每隔 6～8d 收摘一次。

6.2　一次性收获

植株生长后期 80％以上豆荚成熟后收割。

7. 生产档案

建立无公害食品绿豆生产档案。

应详细记录产地环境条件、生产技术、病虫害防治和采收等各环节所采取的具体措施。

附件二　NY 5203-2004 无公害食品　绿豆

发布时间：2004 年 1 月 7 日　实施时间：2004 年 3 月 1 日
发布单位：中华人民共和国农业部

1. 范围

本标准规定了无公害食品绿豆的要求、试验方法、检验规则和标识。

本标准适用于无公害食品绿豆。

2. 规范性引用文件

下列文件中的条款通过本标准的引用而成为本标准的条款。凡是注日期的引用文件，其随后所有的修改单(不包括勘误的内容)或修订版均不适用于本标准，然而，鼓励根据本标准达成协议的各方研究是否可使用这些文件的最新版本。凡是不注日期的引用文件，其最新版本适用于本标准。

GB/T 5009.12　食品中铅的测定

GB/T 5009.15　食品中镉的测定

GB/T 5009.20　食品中有机磷农药残留量的测定

GB/T 5009.38　蔬菜、水果卫生标准的分析

GB/T 5009.105　黄瓜中百菌清残留量的测定

GB/T 5009.126　植物性食品中三唑酮残留量的测定

GB/T 5009.146　植物性食品中有机氯和拟除虫菊酯类农药多种残留量的测定

GB/T 5490　粮食、油料及植物油脂检验　一般规则

GB 5491　粮食、油料检验　扦样、分样法

GB/T 5492　粮食、油料检验　色泽、气味、口味鉴定法

GB/T 5493　粮食、油料检验　类型及互混检验

GB/T 5494　粮食、油料检验　杂质、不完善粒检验法

CB/T 5497　粮食、油料检验　水分测定法

GB/T 10462　绿豆

3. 要求

3.1　加工质量

杂质、不完善粒、异色粒、水分及色泽、气味应符合表1的规定。

表1　无公害食品绿豆加工质量指标

项目	杂质%	不完善粒%	异色粒%	水分%	色泽、气味
指标	≤1.0	≤5.0	≤2.0	≤13.5	正常

3.2　安全指标

安全指标应符合表2的规定。

表2　无公害食品绿豆安全指标

单位:mg/kg

序号	项目	指标
1	铅(以 Pb 计)	≤0.8
2	镉(以 Cd 计)	≤0.05
3	溴氰菊酯(deltamethrin)	≤0.5
4	氰戊菊酯(fenvalerate)	≤0.2
5	氯氟氰菊酯(cyhalothrin)	≤0.2
6	敌百虫(trichlorfon)	≤0.1
7	敌敌畏(dichlorvos)	≤0.1
8	马拉硫磷(malathion)	≤3
9	多菌灵(carbendazim)	≤0.5
10	百菌清(chlorothalonil)	≤0.2
11	三唑酮(triadimefon)	≤0.5

4. 试验方法

4.1 加工质量

4.1.1 水分

按 GB/T 5497 规定执行。

4.1.2 杂质

按 GB/T 5494 规定执行。

4.1.3 不完善粒

按 GB/T 10462 规定执行。

4.1.4 色泽、气味

按 GB/T 5492 规定执行。

4.1.5 异色粒互混

按 GB/T 5493 规定执行。

4.2 安全指标

4.2.1 铅

按 GB/T 5009.12 规定执行。

4.2.2 镉

按 GB/T 5009.15 规定执行。

4.2.3 多菌灵

按 GB/T 5009.38 规定执行。

4.2.4 百菌清

按 GB/T 5009.105 规定执行。

4.2.5 马拉硫磷、敌敌畏、敌百虫

按 GB/T 5009.20 规定执行。

4.2.6 三唑酮

按 GB/T 5009.126 规定执行。

4.2.7 溴氰菊酯、氰戊菊酯、氯氟氰菊酯

按 GB/T 5009.146 规定执行。

5. 检验规则

5.1 检验分类

检验分为型式检验和交收检验。

5.1.1　型式检验

型式检验是对产品进行全面考核,即对本标准规定的全部要求进行检验。有下列情形之一者应进行型式检验:

a)申请无公害食品标志;

b)有关行政主管部门提出型式检验要求;

c)前后两次抽样检验结果差异较大;

d)因人为或自然因素使生产环境发生较大变化。

5.1.2　交收检验

每批产品交收之前,生产单位应进行交收检验。其内容包括加工质量、包装、标识和净含量。检验合格并附合格证方可交收。

5.2　组批规则

产地抽样以同一品种、同一产地、相同栽培条件、同期收获的绿豆视为同一个检验批次。批发市场、农贸市场或超市抽样以相同进货渠道的绿豆视为同一个检验批次。

5.3　抽样方法

按 GB/T 5490 和 GB 5491 规定执行。

报验单填写的项目应与货物相符,凡与货物不符、包装容器严重损坏者,应由交货单位重新整理后再行抽样。

5.4　判定规则

经检验所有项目均符合本标准要求时,则该批次产品合格。其中有一项指标不符合本标准要求时,则该批次产品不合格。

5.5　复验

标识、包装、净含量、加工质量不合格者,允许生产单位进行整改后申请复验一次。安全指标检验不合格者不进行复验。

6. 标识

产品应有明确标识,内容包括产品名称、产品的执行标准、生产者、详细地址、产地、净含量和包装日期等,并要求字迹清晰、完整、准确。

参考文献

[1]刘慧.我国绿豆生产现状和发展前景[J].农业展望,2012,6(2):36-39.

[2]朱振东,段灿星.绿豆病害虫鉴定与防治手册[M].北京:中国农业科学技术出版社,2012.

[3]雷锦银.榆林市绿豆生产现状及发展对策[J].农业科技通讯,2013,6(8):44-45.

[4]雷锦银.榆绿1号主要害虫及防治方法[J].中国农业信息,2013(6):30-32.

[5]李彦军,韩雪.绿豆病虫害防治技术[J].科技致富向导,2011,2(12):148-149.

[6]宋键.绿豆的病害虫种类及防治措施研究[J].种子科技,2013,3(4):58-59.

[7]张勤,成军平,谭济才,等.桂阳县无公害烟区烟草主要害虫种类及发生规律调查[J].湖南农业科学,2012,6(7):74-78.

[8]张青文.有害生物综合治理学[M].北京:中国农业大学出版社,2007.

[9]张炳坤,朱妍梅,于建新.植物保护技术[M].北京:中国农业大学出版社,2008.

[10]吴福桢,管致和,马世俊,等.中国农业百科全书-昆虫卷[M].北京:中国农业出版社,1990.

[11]张巍巍,李元胜.中国昆虫生态大图鉴[M].重庆:重庆大学出版社,2011.

[12]张璇,姜敏.我国粮用豆病害虫的发生及防治情况[J].农

业技术与装备,2014(10):32-34.

[13]贺磊,周学超,李峰.赤峰地区绿豆病害虫防治[J].蔬菜,2015,3(11):75-78.

[14]刘昌燕,焦春海,仲建锋,等.食用豆害虫研究进展[J].湖北农业科学,2014,53(24):5908-5912.

[15]邢宝龙,冯高,郭新文,等.绿豆田间豆象防治药剂筛选[J].园艺与种苗,2012(6):6-8.

[16]谭可菲.2010年甘南县兴十四村现代农业园区大豆害虫种类调查及防治对策[J].黑龙江农业科学,2011(3):58-60.

[17]袁峰.农业昆虫学[M].4版.北京:中国农业出版社,2011.

[18]Lal S S.A review of insect pests of mungbean and their control in India[J].International Journal of Pest Management,1985,31(2):45-142.

[19]Prakit Somta,Chanida Ammaranan.Inheritance of seed resistance to bruchids in cultivated mungbean (Vigna radiata,L.Wilczek)[J].Euphytica,2007,15(1):47-55.

[20]程须珍.中国绿豆科技应用论文集[M].北京:中国农业出版社,1999.

[21]林汝发,柴岩.中国小杂粮[M].北京:中国农业科技出版社,2002.

[22]金文林.特种作物优质栽培及加工技术[M].北京:化学工业出版社,2002.

[23]郑殿升.高品质小杂粮作物品种及栽培[M].北京:中国农业出版社,2001.

[24]张云青.作物育种学[M].西安:世界图书出版公司,1995.